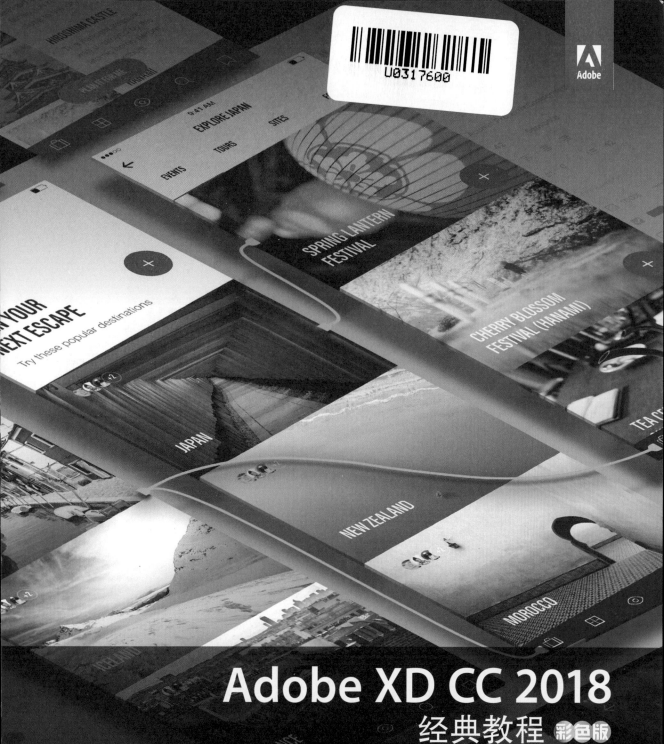

Adobe XD CC 2018
经典教程 彩色版

图书在版编目（CIP）数据

Adobe XD CC 2018经典教程：彩色版 / （美）布莱恩·伍德（Brian Wood）著；杨煜泳译. -- 北京：人民邮电出版社，2019.3
ISBN 978-7-115-50391-6

Ⅰ．①A… Ⅱ．①布… ②杨… Ⅲ．①网页制作工具—教材 Ⅳ．①TP393.092.2

中国版本图书馆CIP数据核字(2018)第286057号

版权声明

◆ 著　　　　[美] 布莱恩·伍德（Brian Wood）
　　译　　　　杨煜泳
　　责任编辑　傅道坤
　　责任印制　焦志炜

◆ 人民邮电出版社出版发行　　北京市丰台区成寿寺路 11 号
　　邮编　100164　　电子邮件　315@ptpress.com.cn
　　网址　http://www.ptpress.com.cn
　　北京印匠彩色印刷有限公司印刷

◆ 开本：800×1000　1/16
　　印张：19.25
　　字数：452 千字　　　　　　　2019 年 3 月第 1 版
　　印数：1 – 2 400 册　　　　　2019 年 3 月北京第 1 次印刷

著作权合同登记号　图字：01-2017-9229 号

定价：99.00 元

读者服务热线：**(010)81055410**　印装质量热线：**(010)81055316**
反盗版热线：**(010)81055315**
广告经营许可证：京东工商广登字 20170147 号

内容提要

本书由 Adobe 公司的专家编写，是 Adobe XD CC 软件的官方指定培训教材。

本书共分为 10 课，每一课首先介绍重要的知识点，然后借助具体的示例进行讲解，步骤详细、重点明确，手把手教你如何进行实际操作。全书是一个有机的整体，涵盖了 Adobe XD CC 简介、使用 XD CC 创建一个项目、创建图形、增加图像和文本、组织内容、使用资源和创意云库、使用效果和重复网络、原型、共享您的原型、共享设计规格和导出等内容，并在适当的地方穿插介绍了 XD CC 版本中的最新功能。

本书语言通俗易懂，并配以大量图示，特别适合 Adobe XD CC 新手阅读；有一定使用经验的用户也可以从本书中学到大量高级功能和 XD CC 的新增功能。本书也适合作为相关培训班的教材。

开始

Adobe XD CC 是一款用于网站及移动应用程序设计和原型制作的全功能跨平台工具。无论您是普通设计师、网页设计师、用户体验（UX）设计师还是用户界面（UI）设计师，Adobe XD 都能为您获得专业的效果提供所需的工具。

关于经典教程

本书是 Adobe 图形和出版软件系列官方培训教材的一部分，由 Adobe 产品专家指导撰写。本课程涉及的功能和练习基于 Adobe XD CC（2018 年版）。

本书中的课程设计有利于读者掌握学习进度。如果你刚接触 XD CC，可以先了解其基本概念和需要掌握的软件功能。如果你已经是 Adobe XD CC 的老手，将发现本书还介绍了许多高级功能，包括该软件最新版本提供的技巧和技术。

虽然本书各课提供按部就班的操作指南，用于创建特定项目，但你仍可以自由地探索和体验。你可以按书中的课程顺序从头到尾阅读，也可以只阅读感兴趣或需要的课程。各课都包含一个复习小节，对该课内容进行总结。

必备知识

在开始本课程的学习之前，你应该具备计算机及其操作系统的相关知识，确保知道如何使用鼠标、标准菜单、命令，以及如何打开、保存和关闭文件。如果你需要了解这些技术，请参阅 macOS 或 Windows 的打印或联机文档。

 注意： 相关命令因所在平台不同而会有不同，本书中将首先出现 macOS 命令，然后再出现 Windows 命令，所在平台用括号标出。例如，"按 Option（macOS）或 Alt（Windows）键，点击图形之外的区域。"

安装程序

在开始学习本课程之前，请确保系统设置正确并且已安装所需的软件和硬件。

用户必须单独购买 Adobe XD CC 软件。有关安装软件的完整说明，请访问 Adobe 官方网站。用户必须将 Adobe Creative Cloud 中的 XD CC 安装到硬盘上。请按照屏幕上的说明进行操作。

最低系统要求

对于 macOS：macOS 10.11 及更高版本，并具有以下最低配置。

- CPU：1.4GHz。
- 内存：4GB。
- 非 Retina 屏（推荐使用 Retina 屏）。
- 对软件激活、订阅验证以及访问在线服务来说都必不可少的 Internet 连接和注册。

对于 Windows：Windows 10（64 位）- 版本 1607（build 10.0.14393）或更高版本，并具有以下最低配置。

- CPU：2GHz。
- 内存：4GB。
- 2GB 可用硬盘空间用于安装；安装期间还需要额外的可用空间。
- 显示：1280×800 像素的分辨率。
- 显卡：最低为 Direct 3D DDI Feature Set：10。对于英特尔 GPU，需要高于版本 8.15.10.2702 的驱动程序。要找到这些信息，可从"运行"菜单中启动 dxdiag 并选择"显示"选项卡。

推荐的课程顺序

本课程旨在为用户讲解与应用程序和网站设计相关的初级、中级知识。每个新课程都以之前课程中的练习为基础，使用创建的文件和资源来设计和制作应用程序的原型。为了获得一个满意的结果，以及对 Adobe XD 设计的各方面有一个全面的理解，理想的培训场景是从第 1 课开始，按照章节顺序学习每一个课程。由于每一个课程都为下一课程构建了必要的文件和内容，因此不建议跳过任何课程以及个别练习。虽然这种方法很理想化，但是不见得对每一个人都适用。

跳读

如果用户没有足够的时间或意愿按顺序学习本书中的每一个课程，或者在学习某一课程时有困难，那么可以使用跳读（jumpstart）的方法来学习个别课程。每个课程文件夹（必要时）都包含了最终完成的文件和阶段文件（在学习课程时所完成的文件）。

如果要开始跳读学习，请遵循以下步骤。

1. 通过异步社区的相关页面下载本书用到的课程资源。
2. 打开 Adobe XD CC。
3. 在 Adobe XD 没有打开任何文件的情况下，选择"文件">"打开"（macOS）或按下 Ctrl+O 组合键（Windows），并导航到硬盘上的 Lessons 文件夹，然后找到想要学习的特定课程文件夹。例如，如果准备学习第 7 课，则导航到 Lessons > Lesson07 文件夹并打开名为 L7_start.xd 的文件。所有的跳读课程文件都包含"_start"的名称。

在想要跳读每一个课程时，都需要重复这些简单的步骤。但是，如果选择了跳读的方法，则不必在随后的所有课程中继续使用这些文件。例如，如果想要跳读第 6 课，可以直接继续学习第 7 课，等等。

4. 如果在应用程序窗口底部看到关于缺少字体的消息，可以单击消息右侧的 X 来关闭它。

 注意：课程文件通常情况下在 macOS 中使用默认字体（Helvetica Neue），而在其中一些课程中，可能会使用到苹果 UI 设计资源工具包（Apple UI Design Resources kit）中的 Apple San Francisco 字体。

资源与支持

本书由异步社区出品，社区（https://www.epubit.com/）为您提供相关资源和后续服务。

配套资源

本书提供如下资源：

- 本书配套资源。

要获得以上配套资源，请在异步社区本书页面中点击 `配套资源` ，跳转到下载界面，按提示进行操作即可。注意：为保证购书读者的权益，该操作会给出相关提示，要求输入提取码进行验证。

提交勘误

作者和编辑尽最大努力来确保书中内容的准确性，但难免会存在疏漏。欢迎您将发现的问题反馈给我们，帮助我们提升图书的质量。

当您发现错误时，请登录异步社区，按书名搜索，进入本书页面，点击"提交勘误"，输入勘误信息，点击"提交"按钮即可。本书的作者和编辑会对您提交的勘误进行审核，确认并接受后，您将获赠异步社区的 100 积分。积分可用于在异步社区兑换优惠券、样书或奖品。

扫码关注本书

扫描下方二维码，您将会在异步社区微信服务号中看到本书信息及相关的服务提示。

与我们联系

我们的联系邮箱是 contact@epubit.com.cn。

如果您对本书有任何疑问或建议，请您发邮件给我们，并请在邮件标题中注明本书书名，以便我们更高效地做出反馈。

如果您有兴趣出版图书、录制教学视频，或者参与图书翻译、技术审校等工作，可以发邮件给我们；有意出版图书的作者也可以到异步社区在线提交投稿（直接访问 www.epubit.com/selfpublish/submission 即可）。

如果您是学校、培训机构或企业，想批量购买本书或异步社区出版的其他图书，也可以发邮件给我们。

如果您在网上发现有针对异步社区出品图书的各种形式的盗版行为，包括对图书全部或部分内容的非授权传播，请您将怀疑有侵权行为的链接发邮件给我们。您的这一举动是对作者权益的保护，也是我们持续为您提供有价值的内容的动力之源。

关于异步社区和异步图书

"异步社区"是人民邮电出版社旗下 IT 专业图书社区，致力于出版精品 IT 技术图书和相关学习产品，为作译者提供优质出版服务。异步社区创办于 2015 年 8 月，提供大量精品 IT 技术图书和电子书，以及高品质技术文章和视频课程。更多详情请访问异步社区官网 https://www.epubit.com。

"异步图书"是由异步社区编辑团队策划出版的精品 IT 专业图书的品牌，依托于人民邮电出版社近 30 年的计算机图书出版积累和专业编辑团队，相关图书在封面上印有异步图书的 LOGO。异步图书的出版领域包括软件开发、大数据、AI、测试、前端、网络技术等。

异步社区

微信服务号

目　录

第1课 Adobe XD CC简介

课程概述

本课介绍的内容包括：

- 典型的 Adobe XD 工作流程；
- Adobe XD CC 是什么；
- 如何打开 Adobe XD CC 文件；
- 如何使用工具和面板；
- 如何缩放、平移和导航多个画板（Artboard）；
- 如何预览设计；
- 如何分享设计。

 本课大约要用 30 分钟完成。开始之前，请先将本书的课程资源下载到本地硬盘中，并进行解压。在学习本课时，将覆盖相应的课程文件。建议先做好原始课程文件的备份工作，以免后期用到这些原始文件时，还需重新下载。

本课将介绍一个典型的 Adobe XD 设计工作流程，并探索工作区的不同部分。

1.1　用户体验（UX）设计工作流

在互联网发展初期，设计师为台式机上的网站创建用户体验（UX），确保在不同浏览器、浏览器版本和操作系统均能获得优化的体验。

自苹果公司 iPhone 等触摸屏设备的兴起以来，设计人员不得不考虑不同设备上的应用程序和网站的整体用户体验。如今，伴随着大量不同的屏幕尺寸和设备、操作系统、屏幕像素密度（Retina 或 hiDPI）以及其他因素的出现，创建一致且令人愉悦的用户体验成为网络或应用程序设计过程中必不可少的一部分。为了让产品按时按预算上市，获得并留住用户，我们需要快速、高效地开展工作。在当今典型的网络或应用程序设计工作流程中，所遵循的流程如图 1.1 所示。

图 1.1

当然，用户的设计过程可能会有所不同，具体取决于项目的范围、预算、设备尺寸和类型。

为了开始这个过程，我们通常通过研究收集信息。这可以通过简单地询问客户和潜在目标受众一些问题、与目标团体合作、检查现有分析等方式来完成。

然后，我们从一个设计开始。这个设计既可以是低保真的手绘草图或低保真（low-fi）线框，也可以是高保真（hi-fi）设计（见图 1.2）。在移动网络的早期，我们绘制草图、制作线框和设计。如今，我们通常设计、制作原型和协作（共享）。

低保真线框　　　　高保真设计

图 1.2

注意：低保真线框是确定页面或屏幕功能元素的一种方式，它不深入关注颜色和字体等设计细节。它们是确定应用程序或网站信息的基本结构和关系的快速方法。

为了测试用户体验，我们将在设计过程中的某个时刻创建一个交互式原型。原型是用于收集关于设计的可行性和可用性反馈的工具。图 1.3 所示为高保真设计中的原型交互性示例。

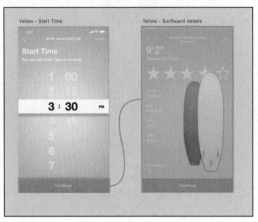

图 1.3

过去的几年中，我们很多人不得不使用不同的工具进行设计。Adobe XD CC 作为一款全功能的跨平台工具，可以满足设计、制作网站原型和移动应用程序的需求。

 注意：图 1.3 左侧较小的蓝色区域代表热点，或用户触摸、单击的交互区域。图 1.3 右侧较大的蓝色区域表示显示的结果屏幕。蓝色连接线（也称为导线）表示热点与所产生屏幕之间的连接。

1.2　Adobe XD CC 简介

Adobe XD CC 是为移动应用和网站设计用户体验的完整端到端解决方案。用户可以在同一个工具中进行设计、原型制作、预览和共享，如图 1.4 所示。

在 Adobe XD 中，可以通过在同一个 Adobe XD 文件中设计所有屏幕或页面来为网站或应用创建原型。用户可以添加所需屏幕大小的画板，然后定义它们之间的交互性，以对用户在画面或页面中的导航方式进行可视化。然后，可以在本地或设备上测试所创建的原型，轻松与其他人共享原型，并通过评论和评论收集反馈。这些反馈可以被纳入到设计中。最后，可以发送设计规范并将生产准备好的资源导出给开发人员，以便在 Adobe XD CC 之外开发应用程序或网站。

Adobe XD CC 是在 Web 或应用程序开发过程中的设计和原型阶段，让用户快速、高效工作的强大工具。

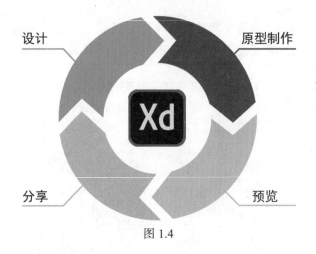

图 1.4

1.3　启动 Adobe XD 并打开一个文件

要开始在 Adobe XD 中工作，需要打开设计文档并浏览 XD 工作区。用户可以使用各种元素（如面板、滚动条和窗口）来创建和操作设计内容。这些元素的各种排列方式称为工作区。

"开始" 屏幕

当首次启动 Adobe XD 时，将出现 Start（开始）屏幕。"开始" 屏幕可让用户轻松访问预设、最近文件列表（如果可用）、UI 套件、资源和 jumpstart（跳读）教程。每次创建新文件时，都会显示 "开始" 屏幕，无论是否已经有文件打开。

1. 启动 Adobe XD CC，如图 1.5 所示。

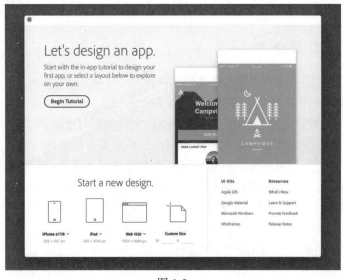

图 1.5

2. 选择 File（文件）>Open（打开）（macOS）或按 Ctrl + O 组合键（Windows），导航到 Lessons> Lesson01 文件夹并打开 L1_start1.xd 文件。如果在应用程序窗口的底部看到有关丢失字体的消息，单击消息右侧的 X 以关闭它，如图 1.6 所示。

图 1.6

下面将使用 L1_start1.xd 文件来练习浏览，缩放和检查 Adobe XD 文档和工作区。

Xd 注意：如果尚未将本课程的项目文件下载到计算机，请务必立即执行此操作。

Xd 提示：还可以双击 Lessons> Lesson01 文件夹中的 L1_start1.xd 文件将其打开。

Xd 注意：为了最大限度地提高应用程序的性能，并为自己提供更多的 Adobe XD 工作空间，可能需要单击应用程序窗口左上角的最大化按钮（macOS）或单击右上角的最大化按钮（Windows）。

1.4 浏览工作区（macOS）

在 macOS 上打开 L1_start1.xd 项目文件，将看到默认的 XD 工作区，如图 1.7 所示。如果使用的是 Windows，则请跳转到下一节。

- 按 Command + 0（零）组合键查看所有内容。
- A. 应用程序窗口顶部的菜单提供对 Adobe XD（macOS）中可用命令的访问。
- B. 应用程序模式（设计和原型）提供了一种在 Adobe XD 中切换设计模式和原型模式的方法。
- C. 工具栏包含用于选择、绘制和编辑形状，路径和画板的工具。
- D. 属性检查器停靠在应用程序窗口的右侧。Adobe XD 在属性检查器中整合了许多最常访问的选项，因此可以使用较少的可见面板且拥有较大的工作区域。属性检查器中显示的属性会基于文档中选择的内容不同而自动关联。
- E. Adobe XD 使用画板来表示应用程序或网站中的屏幕。
- F. 粘贴板（Pasteboard）是画板周围的灰色区域；这是用户可以放置不想与现有画板关联的内容的位置。粘贴板和画板包含在文档窗口中。
- G. 面板位于应用程序窗口的左下角。这里提供对图层和资源面板的访问。

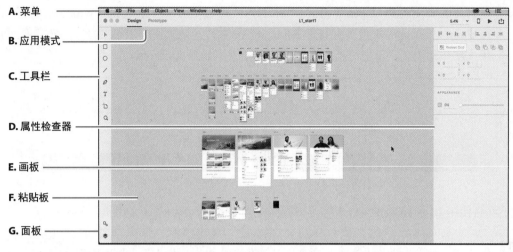

A. 菜单
B. 应用模式
C. 工具栏
D. 属性检查器
E. 画板
F. 粘贴板
G. 面板

图 1.7

macOS 用户可以跳过 1.5 节，直接阅读 1.6 节。

> **Xd** **注意：** Windows 版本的界面当前不使用这些菜单。相反，它有一个菜单图标（☰），可以单击以显示菜单项，请参阅 1.5 节。

1.5　浏览工作区（Windows）

在 Windows 上打开 L1_start1.xd 项目文件后，将看到默认的 XD 工作区，如图 1.8 所示。

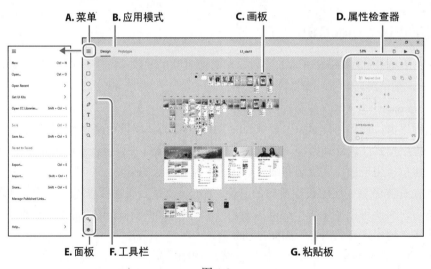

A. 菜单　B. 应用模式　　　C. 画板　　　　D. 属性检查器

E. 面板　F. 工具栏　　　　G. 粘贴板

图 1.8

- 按 Ctrl + 0（零）组合键查看所有内容。

A. 在 Windows 上，没有顶级菜单，而是成为右键单击一个对象并使用上下文菜单。Windows

上的 XD 在左上角有一个菜单图标（≡），用于创建或打开文件、保存、导出资源等。

B. 应用程序模式（设计和原型）提供了一种在 Adobe XD 中的设计模式和原型模式之间切换的方法。

C. Adobe XD 使用画板来表示应用程序或网站中的屏幕。

D. 属性检查器停靠在应用程序窗口的右侧。Adobe XD 在属性检查器中整合了许多最常访问的选项，因此可以使用较少的可见面板并拥有较大的工作区域。属性检查器中显示的属性会基于文档中选择的内容不同而自动关联。

E. 面板位于应用程序窗口的左下角。这里提供对图层和资源面板的访问。

F. 工具栏包含用于选择、绘图和编辑形状，路径和画板的工具。

G. 粘贴板是画板周围的灰色区域；这是用户可以放置不想与现有画板关联的内容的位置。粘贴板和画板包含在文档窗口中。

1.6 理解模式

无论是在 macOS 还是 Windows 上，当在 Adobe XD 中处理设计时，用户将在两种模式之间进行工作：设计模式（Design）和原型模式（Prototype）。当选择一种模式时，特属于该模式的某些功能和工具将在应用程序窗口中出现。这些模式代表了设计过程中的一个阶段。在设计时，很可能会在这两种模式之间来回切换。

当首次在 Adobe XD 中打开文件时，会显示设计模式。在设计模式下，可以创建和编辑画板并将设计内容添加到它们之中。

1.6.1　开始了解工具

在设计模式下，工作区左侧的工具栏包含"选择"工具、"绘图"工具（如"矩形"工具、"椭圆"工具、"直线"工具和"铅笔"工具）、"文本"工具、"画板"工具和"缩放"工具，如图 1.9 所示。随着课程的深入学习，将陆续使用这些工具。

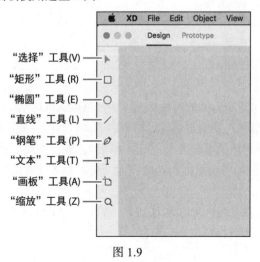

图 1.9

- 将指针移动到工具栏上的 Select（选择）工具（▶）上。注意名称（Select）和键盘快捷键（V）将显示在工具栏提示中，如图 1.10 所示。

图 1.10

Adobe XD 是为了提高速度而设计的。为了更快地工作，可以使用与每个工具关联的键盘命令在工具之间切换。例如，按字母 Z 将切换到 Zoom（缩放）工具，按字母 V 将切换回 Select（选择）工具。

1.6.2 使用属性检查器

属性检查器是停靠在工作空间右侧的面板。它可以快速访问与当前所选内容相关的选项和命令，并且它将为用户的大部分内容设置外观属性。

1. 在工具栏中选择 Select（选择）工具（▶），然后单击第三行左侧第三个画板中的 Dann 图像，如图 1.11 所示。

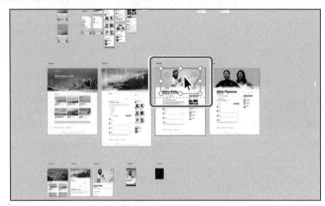

图 1.11

针对所选图稿的选项出现在右侧的属性检查器中，包括颜色选项、边框、效果等。

2. 单击填充（Fill）选项左侧的复选标记以取消选择所选内容的选项（关闭填充），这时图像将消失；再次选择相同的填充选项，则显示图像，如图 1.12 所示。

属性检查器中的大部分内容会根据所选内容而变化。如果没有选中任何内容，则属性检查器将变暗。

3. 单击画板外的灰色粘贴板区域以取消选择，或选择 Edit（编辑）>Deselect All（取消全部选择）（macOS），以便不再选择画板上的内容。

图 1.12

提示：也可以按 Command + Shift + A（macOS）或 Ctrl + Shift + A（Windows）组合键进行全部选择。

1.6.3 使用面板

除了属性检查器，Adobe XD 中的两个主要面板在工作区的左下角显示为图标。默认情况下，这些面板停靠在左侧，用户可以快速访问资源和图层。接下来，我们将尝试隐藏、关闭和打开这些面板。

1. 单击应用程序窗口左下角的 Layers（图层）面板图标（◆），打开"图层"面板（如果尚未打开），如图 1.13 所示。

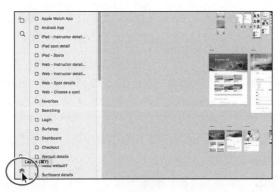

图 1.13

当文档窗口中没有选中内容时，"图层"面板将列出文档中的所有画板。用户可以将画板视为网页设计中的页面或应用设计中的屏幕。在本课的后面，将学习更多关于画板以及如何浏览它们的知识。

2. 使用工具栏中的 Select（选择）工具（▶），单击之前选择的 Dann 图像，如图 1.14 所示。

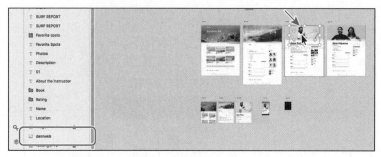

图 1.14

在画板上选择内容时，该画板的所有内容都将列在"图层"面板中。"图层"面板是上下文相关的，它会根据选择（或没有选择）的内容显示不同的内容。

3. 单击工作空间左下角的 Assets（资源）面板图标（🔗），以显示"资源"面板，如图 1.15 所示。

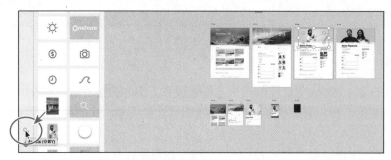

图 1.15

| Xd | 提示：也可以按 Command + Y（macOS）或 Ctrl + Y（Windows）组合键在"图层"面板的打开和关闭之间进行切换，也可以选择 View（视图）>Layers（图层）（macOS）。 |

| Xd | 提示：也可以按 Command + Shift + Y（macOS）或 Ctrl + Shift + Y（Windows）组合键在"资源"面板的打开和关闭之间进行切换，也可以选择 View > Assets（macOS）。 |

在"资源"面板中，可以找到在当前文档中所保存的内容，如颜色、文本样式和元件。在第 6 课中，将了解"资源"面板中的资源。

4. 单击工作区左下角的 Assets（资源）面板图标（🔗），以隐藏"资源"面板。

面板提示

当显示"图层"或"资源"面板时，可以向右拖动面板的右侧以展开面板区域。用户可以将面板边缘拖动到最左侧直到它停下来，如图 1.16 所示。

图 1.16

1.7 改变作品的视图

在使用文件时，很可能需要更改缩放级别并在画板之间导航。在应用程序窗口的右上角附近显示了缩放级别，其范围为 2.5% ～ 6400%。

有许多方法可以在 Adobe XD 中更改缩放级别，在本节中，将学习几种常用的方法。

使用 macOS 或 Windows 自带的缩放

在 macOS 上，可以使用滚轮、Magic Mouse 或触控板进行缩放。在 Windows 10（及更高版本）上，可以使用滚轮或触控板进行缩放。这利用了操作系统自带的缩放功能，是在 XD 中进行缩放的一种较简单的方法。要采用这种方式，请尝试以下方法。

- 放大：按 Option（macOS）或 Ctrl（Windows）键，然后滚动鼠标滚轮，或按 Option 键，然后进行滑动（Magic Mouse）或双指向外扩（触控板）。
- 缩小：按 Option（macOS）或 Ctrl（Windows）键，然后滚动鼠标滚轮，或按 Option 键，然后进行滑动（Magic Mouse）或双指向内捏（触控板）。
- 平移：双指滑动（触控板）。

1.7.1 使用视图命令

要使用"视图"菜单放大或缩小作品的视图，请执行以下操作。

- 选择 View（视图）> Zoom In（放大）（macOS），或打开应用程序窗口右上角的"缩放"菜单，然后选择放大（Windows）比例，放大显示视图。
- 选择 View（视图）>Zoom Out（缩小）（macOS），或单击应用程序窗口右上角的"缩放"菜单然后选择缩小（Windows）比例，缩小显示视图。

> **提示：** 用户可以使用 Command+ 加号键（+）（macOS）或 Ctrl+ 加号键（+）（Windows）放大视图。还可以使用 Command+ 减号键（–）（macOS）或 Ctrl+ 减号键（–）（Windows）缩小视图。另一种缩放的快捷方式是 Option+ 鼠标滚轮（macOS）或 Ctrl+ 鼠标滚轮（Windows）。

在应用程序窗口右上角的菜单中显示了缩放级别，由百分比旁边的向下箭头标识。

1. 从应用程序窗口右上角的缩放菜单中选择 150%，如图 1.17 所示。

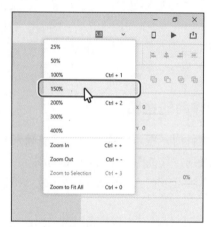

图 1.17

在 Windows 上，将看到更多选项，如放大和缩小。用户也可以在缩放字段中输入一个值，然后按 Enter 或 Return 键以不同的尺寸查看文档内容。

2. 选择 View（视图）>Zoom To Fit All（缩放以适合全部）（macOS），或从"缩放"菜单（Windows）中选择"缩放以适合全部"。

由于粘贴板（画板外面的区域）在两个方向上都可以达到 50 000 像素，因此会很容易忽略设计内容。通过选择 Zoom To Fit All（缩放以适合全部），确保所有内容在文档窗口合适的位置（并居中）显示。

3. 选择 Select（选择）工具（▶）后，单击之前选择的 Dann 图像（如果尚未选择）。

4. 选择 View（视图）>Zoom To Selection（缩放至选区）（macOS）或从"缩放"菜单（Windows）中选择"缩放至选区"以放大所选内容，并将其居中放置在文档窗口中，如图 1.18 所示。

> **注意：** 使用任何查看工具和命令只会影响图形的显示，而不会影响图形的实际大小。

图 1.18

提示：用户也可以按 Command + 0（macOS）或 Ctrl + 0（Windows）组合键以适应所有情况。

提示：用户也可以按 Command + 3（macOS）或 Ctrl + 3（Windows）组合键来放大所选内容。

这个缩放命令非常有用，而且我们极有可能会经常用到。学习使用 Command + 3（macOS）或 Ctrl + 3（Windows）组合键，可以提高工作效率。

5. 在继续之前，选择 View（视图）>Zoom To Fit All（缩放以适合全部）（macOS）或从"缩放"菜单（Windows）中选择 Zoom To Fit All（缩放以适合全部）。

全屏（macOS）

目前仅在 macOS 上，可以通过选择 View（视图）>Enter Full Screen（进入全屏）来进入全屏模式，如图 1.19 所示。全屏模式将隐藏屏幕顶部的菜单栏。如果将指针放到屏幕的上边缘，菜单栏会暂时显示。使用 Control + Command + F（macOS）组合键可退出全屏模式。

图 1.19

1.7.2　使用缩放工具

除了"缩放"菜单中的选项外，还可以使用 Zoom（缩放）工具（🔍）将图像放大或缩小到预定义的放大级别。如果用户熟悉其他 Adobe 应用程序中的缩放工具，那么应该也会熟悉 XD 中的缩放工具。

1. 选择左侧工具栏中的 Zoom（缩放）工具（🔍），然后将指针移动到文档窗口中。

请注意，缩放工具指针的中心会出现一个加号（+）。

2. 将缩放工具放在内容顶部的任何图像上，然后单击几次进行放大，如图 1.20 所示。

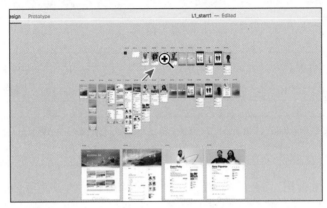

图 1.20

作品将以更高的放大率显示。

3. 再次单击相同的内容。视图再次变大，单击的区域被放大。

4. 在缩放工具仍处于选定状态时，将指针放在文档的另一部分上，并按住 Option（macOS）或 Alt（Windows）键，缩放工具指针的中心会出现一个减号（-）。按下 Option 或 Alt 键，在文档窗口中单击两次以缩减作品的视图大小，如图 1.21 所示。

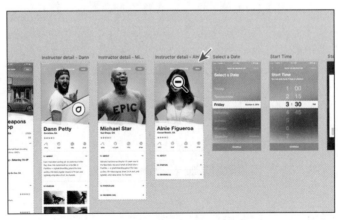

图 1.21

在编辑过程中，会经常使用缩放工具来放大和缩小作品的视图。Adobe XD 允许用户随时使用键盘选择它，而不必先取消选择正在使用的其他工具。选择任何其他工具后，请尝试以下操作。

- 要使用键盘访问缩放工具，按 Command（macOS）或 Ctrl（Windows）键＋空格键，然后单击或拖动以放大。
- 要缩小，按 Command＋ Option＋空格键（macOS）或 Ctrl＋Alt＋空格键（Windows），然后单击。

5. 按 Command＋0（macOS）或 Ctrl＋0（Windows）组合键再次查看所有设计内容。

6. 在缩放工具仍处于选中状态的情况下，在之前使用的 Dann 图片上从左向右拖动以放大图像，如图 1.22 所示。

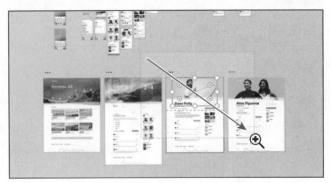

图 1.22

接下来创建一个指示要放大区域的选取框，可以向任何方向拖动以创建缩放框来进行放大。

 注意：在按住 Option（macOS）或 Alt（Windows）键的同时拖动缩放工具，将缩小图像。效果与选中"缩放"工具时按 Option（macOS）或 Alt（Windows）键＋单击相同。

1.7.3 滚动文档

在 Adobe XD 中，可以使用 Hand（抓手）工具（🖐）来平移到文档的不同区域。使用 Hand 工具可以让用户随处移动文档。在本节中，将访问 Hand 工具并查看其工作原理。

1. 单击选择工具栏中的任何工具，然后将指针移动到文档窗口中。

2. 按住键盘上的空格键暂时选择 Hand（抓手）工具，然后在文档窗口中向任意方向拖动，如图 1.23 所示。

要使用 Hand（抓手）工具，Windows 用户可能需要按住空格键，并在按住时，按下并放开另一个键（例如 Alt 键）。然后，在仍然按住空格键的同时，在文档窗口中平移。

 注意：当 Text（文本）工具（Ⓣ）处于活动状态且光标处于文本中时，Hand 工具（🖐）的空格键快捷键不起作用。

 提示：与其他 Adobe 应用程序（如 Illustrator、InDesign 和其他应用程序）中的 Hand（抓手）工具相同，该 Hand 工具的键盘命令也一样。

图 1.23

1.7.4 导航画板

画板表示网页或应用程序设计中的屏幕（它们与 Adobe Illustrator 或 Adobe Photoshop 中的画板类似），并可在灰色的粘贴板区域找到。用户可以随心所欲地在一个 Adobe XD 文档中放置尽可能多的画板，并且我们在 Adobe XD 中创建的大多数文档都以一个画板开始。在创建文档后，可以轻松添加、删除和编辑画板。

在第 2 课中，将学习如何使用画板。在本节中，将学习如何有效地导航当前打开的包含了多个画板的文档。

1. 选取 View（视图）>Zoom To Fit All（缩放以适合全部）（macOS）或从"缩放"菜单中选择 Zoom To Fit All（缩放以适合全部）（Windows），以再次查看所有设计内容。

文档中的画板可以按任何顺序或方向排列，并且可以是不同的大小，甚至可以重叠。假设想要创建一个包含 4 个屏幕的简单应用程序，或设计一个显示代表不同设备屏幕尺寸的网站，可以为每个屏幕创建不同的画板，所有画面都具有相同（或不同）的大小和方向。

2. 选择 Select（选择）工具后，单击画板周围的灰色粘贴板区域，以确保取消选择所有作品。

3. 单击应用程序窗口左下角的 Layers（图层）面板图标（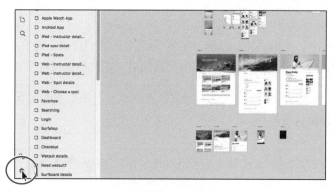），显示"图层"面板，如图 1.24
所示。

图 1.24

当涉及"图层"面板时，取消选择文档中的内容很重要。"图层"面板是上下文关联的，这意味着它会根据文档中选择的内容而变化。如果没有选择任何内容，则会在打开的文档中看到所有画板的列表。当选择作品时，它会使作品所在的画板成为活动画板。活动画板列在"图层"面板的顶部。在粘贴板上，活动画板周围有一个细微的轮廓。在"图层"面板中，可以在画板之间导航、重命名画板、复制或删除画板等。

4. 在"图层"面板列表中的每个画板上单击一次，这样做会在文档窗口中选择该画板，如图 1.25 所示。

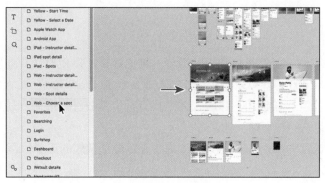

图 1.25

我们可以知道选择了哪个画板，因为画板上方的名称以蓝色突出显示，并且画板周围有蓝色突出显示。

5. 双击出现在"图层"面板中 Favorites 左侧的画板图标（▢），如图 1.26 所示。

名为 Favorites 的画板现在位于文档窗口的中心，并且"图层"面板的内容会更改。它不再列出所有的画板，而是列出在 Favorites 画板上的内容，如图 1.27 所示。

图 1.26

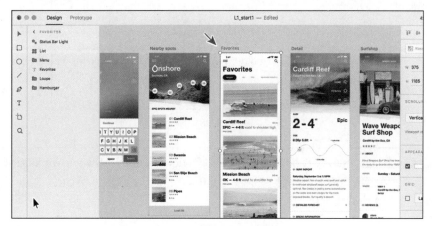

图 1.27

6. 按 Command + Y（macOS）或 Ctrl + Y（Windows）组合键，折叠"图层"面板。

Xd 注意：Adobe XD 的更新中添加了批量导出选项。在"图层"面板中选择一个画板或内容，将显示批量导出（⬚）的标记。书中的图像目前没有显示该图标。

Xd 注意：双击"图层"面板中的画板名称（不是"画板"图标⬚）可以更改画板的名称。

1.8 原型模式

在设计过程中，我们可能希望将画板（屏幕）彼此连接，以便对用户体验应用或网站的方式进行可视化。在 Adobe XD 中，可以创建交互式原型，以在 Prototype 模式下可视化屏幕或线框之间的导航。可以预览交互来验证用户体验，并迭代设计以节省开发时间。还可以记录这一交互并与利益相关者分享，以获得他们的反馈。

接下来，将快速探索 Prototype 模式。第 8 课将介绍原型模式的更多信息。

1. 按 Command + 0（macOS）或 Ctrl + 0（Windows）组合键，再次查看所有设计内容。

2. 选择 Edit（编辑）>Deselect All（取消全部选择）（macOS），或单击灰色粘贴板区域的空白部分，以取消全部选择。

3. 单击应用程序窗口左上角的 Prototype，进入原型模式，如图 1.28 所示。

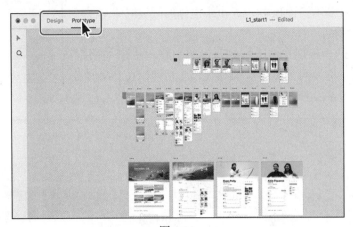

图 1.28

Xd 提示：在 macOS 的设计模式下，可以选择 View（视图）>Switch Workspace（切换工作区），在模式之间切换。也可以按 Control + Tab（macOS）或 Ctrl + Tab（Windows）组合键在设计和原型模式之间切换。

在 Prototype 模式下，注意工具栏中只有"选择"工具和"缩放"工具是可用的，而右侧的属性检查器现在已隐藏。Prototype 模式的主要目的是为设计添加交互性。因此，为了可视化从一个屏幕到另一个屏幕的转换过程，可以在这里添加这些屏幕之间的交互性。

4. 选择 Edit（编辑）>Select All（全选）（macOS）或按 Ctrl + A（Windows）组合键，如图 1.29 所示。

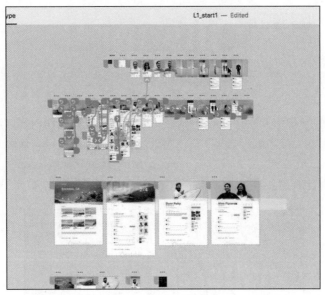

图 1.29

在当前已打开的课程文件 L1_start1.xd 中，较小的画板（代表应用程序设计）是当前添加了交互功能的唯一画板。内容之间的交互显示为蓝色连接线（也称为"线"）。创建设计时，默认情况下不会有交互性。用户可以选择一个画板或对象，并在其与另一个画板之间创建一个连接。在第 8 课中，将学习如何创建交互式原型。

在为设计添加交互功能时，可以使用 Adobe XD 的桌面版本或在移动设备上使用 Adobe XD App 来测试交互性。接下来，将快速探索 Adobe XD 中的预览功能。

> **Xd** 注意：第 8 课将介绍有关在 Adobe XD 和设备上预览的更多信息。

5. 选择 Edit（编辑）>Deselect All（取消全部选择）（macOS）或按 Command + Shift + A（macOS）或 Ctrl + Shift + A（Windows）组合键，取消选择。

1.9 预览设计效果

用户可以在计算机上使用 Adobe XD 的桌面预览，或在 iOS 或 Android 设备上使用 Adobe XD App 来测试原型。接下来，将在桌面版 Adobe XD 中预览设计。

1. 如果未选择任何内容，单击应用程序窗口右上角的桌面预览（▶），打开 Preview（预览）窗口，如图 1.30 所示。

图 1.30

在预览窗口中，应该能看到主（home）画板，因为没有选择任何内容。通常，处于焦点（选定）的画板显示在"预览"窗口中。"预览"窗口将以选定的画板或第一个画板（未选中任何内容时）的大小打开。

2. 在"预览"窗口中，单击设计顶部的 Login 链接，如图 1.31 所示。

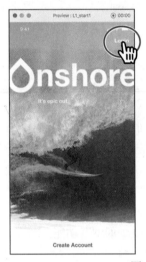

图 1.31

单击交互式元素可以让设计人员在构建原型时，轻松测试屏幕之间的导航。第 8 课将介绍在 Adobe XD 中预览设计，以及在 iOS 和 Android 上使用 Adobe XD App 的所有信息。

3. 单击预览窗口角落中的红色按钮（macOS）或 X（Windows）以关闭它。

Xd	提示：用户也可以选择 Window（窗口）>Preview（预览）（macOS），或按下 Command + Return（macOS）或 Ctrl + Enter（Windows）组合键打开"预览"窗口。

Xd	注意：在 Windows 触控设备（如 Microsoft Surface Pro）上，"预览"窗口可能会分屏显示。用户可以拖动屏幕之间的分隔线来隐藏预览窗口。

1.10 分享您的设计

在设计过程中的任何时刻，我们可能都希望与其他人分享设计以收集反馈信息，或者将字体大小和颜色等设计规范传递给开发人员等。可以通过向他们提供网页链接来共享整个项目或画板的子集，以便他们可以在 Web 浏览器中查看原型或查看设计规格。

接下来，将快速了解如何分享设计以及这样做的意义。第 9 课将介绍所有关于共享设计的知识，而在第 10 课中，将学习如何与其他人共享设计规范。

1. 单击应用程序右上角的 Share（共享）（□），如图 1.32 所示。

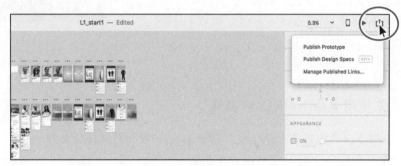

图 1.32

用户可以共享设计（发布原型）或共享设计规范（发布设计规格）。选择分享内容后，可以从多个分享选项中进行选择。之后，如果更改了设计，则始终可以更新共享原型或设计规范，或者从当前设计中创建新版本。

2. 按 Esc 键或单击 Share（共享）菜单将其隐藏。

1.11 在文档间切换

在使用 Adobe XD 时，可以同时打开多个文档。接下来将介绍在打开的文档之间切换的不同方法。我们将打开一个文件，让另一个打开的文档与其一起工作。

1. 选择 File（文件）>Open（打开）（macOS），或在 Windows 上单击菜单图标（☰）并选择 Open（打开）。导航到 Lessons> Lesson01 文件夹并选择 L1_start2.xd 文件。单击 Open 以在 Adobe XD 中打开该文件。如果在应用程序窗口的底部看到有关丢失字体的消息，则可以单击消息右侧的 X，关闭它。

文档在单独的应用程序窗口中打开。

 注意： 在平板电脑模式下的 Windows 触控设备（例如 Surface Pro）上，新文档可能会显示为分屏。用户可以拖动屏幕之间的分隔线来隐藏新文档窗口。

2. 选择 Window（窗口）> L1_start1（macOS），或在 Windows 上按 Alt + Tab 组合键，在打开的文档之间切换。

3. 选择 File（文件）>Close（关闭）（macOS）几次，或单击每个打开窗口（Windows）右上角的 X，以关闭所有文件但不保存。

macOS 文件切换

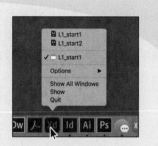

在 macOS 上，可以在打开的文档之间进行切换，并通过按住 Dock 中的应用程序图标来查看最近文档的列表，如图 1.33 所示。屏幕上将出现一个菜单，其中包含最近的文件列表以及当前打开的文档。

用户也可以按 Command + ` 组合键在 macOS 上打开 XD 文档。

图 1.33

1.12 寻找有关使用 Adobe XD 的资源

有关使用 Adobe XD 的完整和最新信息，选择 Help（帮助）>Learn & Support（学习和支持）（macOS），或者在 Windows 上打开文档时，单击菜单图标（☰）并选择 Help> Learn & Support。这将在浏览器中打开如图 1.34 所示中的一个页面。在该网页上，可以浏览教程、项目和文章，了解有关 Adobe XD 的更多信息。

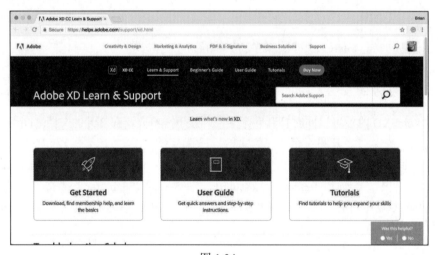

图 1.34

注意：大家看到的网页很可能看起来与这里不一样，不过没关系，这不影响课程的学习。

1.13　复习题

1. 简要描述 Adobe XD 是什么。
2. 低保真（low-fi）线框的含义是什么？
3. 简述改变文档视图的两种方法。
4. 原型的用途是什么？
5. 说出预览原型的两种方法。
6. 共享原型的目的是什么？

1.14　复习题答案

1. Adobe XD CC 是为移动应用和网站设计用户体验的完整端到端解决方案。用户可以同一个工具中进行设计、制作原型、预览和共享。
2. 低保真线框是确定页面或屏幕功能元素的一种方式，而不深入关注颜色和字体等设计细节。这是一种使用图形和布局的粗略表示来探索应用程序或网站中内容的基本结构和关系的快速方法。
3. 要更改文档的缩放级别，可以从 View（视图）菜单（macOS）或 Zoom（缩放）菜单（macOS 和 Windows）中选择相应选项；还可以使用工具栏中的 Zoom（缩放）工具（🔍），并单击或拖动文档以放大或缩小视图。另外，可以使用键盘快捷键来放大或缩小显示的画板。
4. 在设计过程的某个阶段创建交互式原型，以对设计进行测试，并收集有关设计的可行性和可用性反馈。
5. 目前，预览（测试）原型的两种主要方法是在桌面预览版中使用 Adobe XD 或在 iOS、Android 设备上使用 Adobe XD App。
6. 共享原型用于测试原型、收集设计反馈、分享设计规格等。为了共享原型或设计规格，用户需要访问我们创建的原型。共享原型或设计规格会生成可以发送给其他人的工作原型或设计规格的链接。

第2课　创建一个项目

课程概述

本课介绍的内容包括：

- 创建一个新文档；
- 创建和编辑画板；
- 添加网格到画板；
- 使用多个画板；
- 使用"图层"面板管理画板。

本课程大约需要 45 分钟完成。开始之前，请先将本书的课程资源下载到本地硬盘中，并进行解压。在学习本课时，将覆盖相应的课程文件。建议先做好原始课程文件的备份工作，以免后期用到这些原始文件时，还需重新下载。

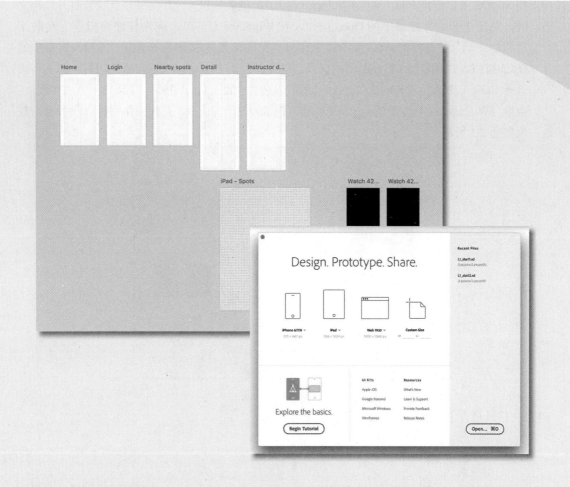

在本课中，将开始一个新项目，并
创建和管理画板。这些画板将成为应用
程序或网页设计项目中的屏幕。

2.1 开始课程

在本课中，将使用 Adobe XD CC 创建第一个项目，开始设置设计屏幕并为将要设计和制作原型的应用奠定基础。首先，打开一个课程完成文件来了解将在本课中创建的内容。

1. 打开 Adobe XD CC。
2. 在 macOS 上，选择 File（文件）>Open（打开），或者如果"开始"屏幕上没有打开任何文件，单击"开始"屏幕中的 Open 按钮。在 Windows 上，单击应用程序窗口左上角的菜单图标（≡）并选择 Open，或者如果在没有文件打开的情况下，单击"开始"屏幕中的 Open 按钮。打开名为 L2_end.xd 的文件，该文件位于 Lessons > Lesson02 文件夹中。
3. 选择 View（视图）>Zoom To Fit All（缩放以适合全部）（macOS），或从右上方的"缩放"菜单（Windows）中选择 Zoom To Fit All（缩放以适合全部），并保留该文件以供参考，效果如图 2.1 所示。

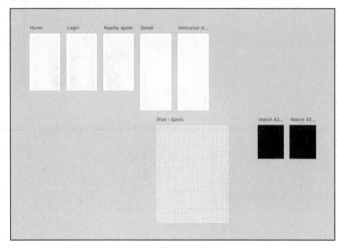

图 2.1

这个文件只是为了展示在本课结束时所创建的内容。

2.2 创建一个新文档

现在将通过创建一个新文档来开始应用程序的设计。在 Adobe XD 中，可以同时打开多个项目文件，并可根据需要轻松地在它们之间跳转。

1. 如果"开始"屏幕尚未显示（如果已经打开了 L2_end.xd 文件），选择 File（文件）>New（新建）（macOS），或在 Windows 上单击菜单图标（≡）并选择 New，出现"开始"屏幕。

借助 Adobe XD，可以在启动文档时使用一系列屏幕尺寸。在打开的"开始"屏幕中，会出现一排图标，代表应用程序和网页设计中使用的通用设备大小。这些图标从左到右分别代表手机、平板电脑、一般网页和自定义屏幕大小。在 Adobe XD 中，屏幕由画板代表。要知道，无论从哪种屏幕尺寸开始，都可以随时在文档中编辑该尺寸。

2. 在"开始"屏幕中，打开表示手机屏幕的图标下方的菜单以显示其他屏幕尺寸。选择 iPhone 6/7/8 Plus（414×736），这将打开一个新文档并显示单个画板，如图 2.2 所示。

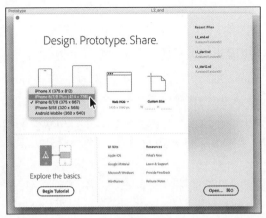

图 2.2

3. 选择 File（文件）>Save As（另存为）（macOS），或者在 Windows 上，单击应用程序窗口左上角的菜单图标（☰）并选择 Save As。在 Save As 对话框中，将文件命名为 App_Design.xd，导航到计算机上的 Lessons 文件夹，然后单击 Save（保存），如图 2.3 所示。

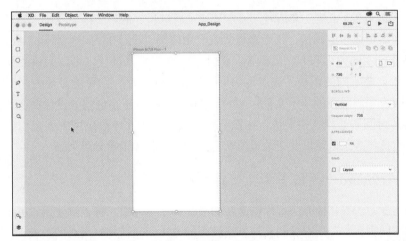

图 2.3

该文件是我们的工作文件，它将包含所有屏幕（画板）、图像、颜色等构成本项目的内容。

> **提示**：在"开始"屏幕中，可以单击"自定义尺寸"（Custom Size）图标（不是 W 和 H 域）来创建没有任何画板的新文档。

> **提示**：在"开始"屏幕中，所选的屏幕尺寸将成为该设备（手机、平板电脑、网页或自定义）尺寸的默认设置。

Adobe XD 和 Retina（HiDPI）

默认情况下，Adobe XD 中的画板大小被视为 1x 或非 Retina（非 HiDPI）。如果想要以 2x 或 Retina 大小（HiDPI）进行设计，则需要创建尺寸（比例）为默认画板两倍的自定义大小的画板。例如，默认情况下，Adobe XD 中的 iPhone 6/7/8 画板大小为 375×667。要以 Retina（HiDPI）大小进行设计，需要将画板大小更改为 750×1334。

导入的栅格内容需要具有足够的像素密度，第 4 课将讲解有关像素密度的内容。导出内容时（将在第 10 课中学到），可以更改"以什么尺寸设计"（Designed at）选项以获得正确的导出尺寸，无论设计为 1x 还是 2x（Retina）。

2.3 创建和编辑画板

当首次在 Adobe XD 中建立文档时，通常从一个所选尺寸的单个画板开始。然后，可以根据需要为该文档添加尽可能多的画板。每个画板代表应用或网页设计中的一个屏幕。Adobe XD 文件可以包含多个相似或不同大小和方向的画板。例如，要创建网页设计，可以为该网页的移动版、平板电脑和桌面版创建不同的画板。或者，如果要创建应用程序，则可能需要为应用程序中的每个屏幕创建一个带有单独画板的单个文件。XD 中的画板为用户正在创建的设计奠定了基础。用户需要花费相当多的时间来处理这些事情。在本节中，将在开始的冲浪应用中创建和编辑画板。该应用程序将为会员提供登录区域以及当地最受欢迎的冲浪点和冲浪指导员列表。

2.3.1 使用 Artboard（画板）工具创建画板

在 Adobe XD 中，有几种方法可以创建新的画板。在本节中，将了解使用 Artboard（画板）工具创建画板的不同方式。稍后会看到其他创建画板的方法，包括复制现有的画板。

1. 打开 App_Design 文件，按 Command + 0（macOS）或 Ctrl + 0（Windows）组合键将画板置于文档窗口中央。

2. 选择 Select（选择）工具（▶），并双击画板名称（iPhone 6/7/8 Plus - 1）。将名称更改为 Home 并按 Return 或 Enter 键接受名称，如图 2.4 所示。

Xd | 注意：双击画板名称时要小心。如果双击的不是画板名称，则可能会创建一个画板。

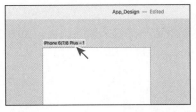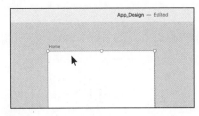

图 2.4

命名画板可以帮助用户在编辑设计内容时跟踪屏幕，或者在原型设计过程中针对特定画板进行交互。在阅读课程时，会看到有多种方法可以重新命名画板。

3. 在工具栏中选择 Artboard（画板）工具（□）。

请注意出现在工作区右侧属性检查器中的预设屏幕大小（如移动设备、平板电脑和桌面）。

4. 在属性检查器中单击 iPhone 6/7/8 大小，以此大小将新的画板添加到文档，如图 2.5 所示。

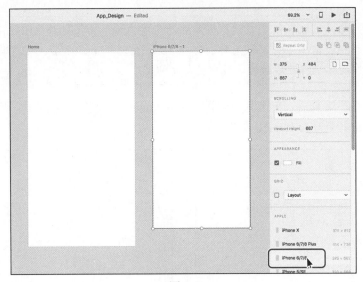

图 2.5

由于技术的不断变化，大家所看到的预设屏幕尺寸可能会有所不同。默认情况下，新的画板被添加到当前选定画板的右侧。如果所选画板的右侧还有其他画板，则将新画板添加到其他画板的最右侧。

5. 选择 View（视图）>Zoom Out（缩小）（macOS），或按几次 Command +"–"（macOS）或 Ctrl +"–"（Windows）组合键缩小屏幕。

> **注意**：根据屏幕分辨率的不同，可能需要在属性检查器中向下滚动以查看可用的画板大小。此外，如果没有选中任何内容，将只能看到属性检查器中列出的默认画板大小。

6. 双击新画板上方的画板名称（iPhone 6/7/8 - 1）并将其更改为 Login。按 Return 或 Enter 键

接受名称更改。

7. 单击原始画板上方的名称 Home，然后按退格键或删除键来删除画板，如图 2.6 所示。

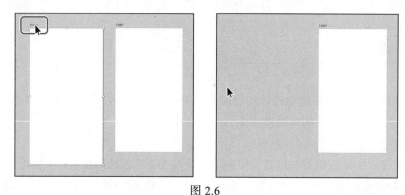

图 2.6

8. 选中"画板"工具后，单击其余画板（名为 Login）的左侧以添加另一画板。双击新画板的名称并将其更改为 Home，如图 2.7 所示。

图 2.7

这里删除了原始的 Home 画板并创建了一个新的画板，以便 Home 画板与 iPhone 6/7/8 尺寸（不是 iPhone 6/7/8 Plus 尺寸）相匹配。目前，无法将预设屏幕尺寸应用于现有的画板。用户可以调整现有的 Home 画板大小，但有时这种方法可能会更快。

9. 在"画板"工具仍处于选定状态时，按几次 Command + "–"（macOS）或 Ctrl + "–"（Windows）组合键即可缩小。

10. 单击 Home 画板右侧的任意位置添加另一个画板，如图 2.8 所示。

在此步骤中可以看到，如果所选画板的右侧还有其他画板，则将新画板添加到其他画板的最右侧。

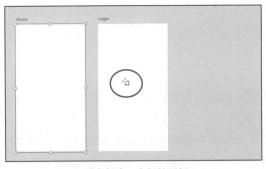
单击创建一个新的画板

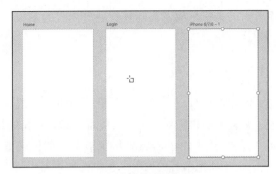
生成的画板

图 2.8

11. 将新的画板名称更改为 Nearby spots。这幅画板最终将包含关于当地冲浪点的内容。
有很多方法可以添加画板，包括绘制自定义尺寸的画板，这是接下来要做的事情。

12. 将指针移动到 Nearby spots 画板右侧，与其上边缘一致，将出现一个半透明的智能参考线（Smart Guide），显示指针何时与顶部边缘对齐。向下并向右拖动以绘制更大的画板。拖动时，会看到属性检查器中的宽度和高度值发生变化。当画板与图中第二部分中显示的尺寸大致相符时，松开鼠标左键，如图 2.9 所示。

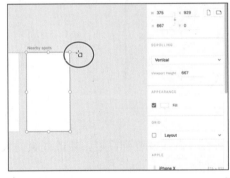

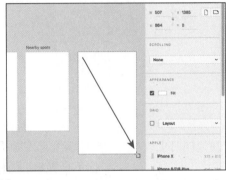

图 2.9

用户可以绘制几乎任何尺寸或方向的画板，并且创建的画板也可以重叠。

> **Xd** **提示**：在绘制画板时，可以按 Option（macOS）或 Alt（Windows）键从中心绘制，或按 Shift 键约束比例。完成绘图时，确保释放鼠标左键，然后释放按键。

> **Xd** **注意**：在属性检查器中向上滚动，以查看宽度和高度值。

13. 将新画板的名称更改为 iPad – Spot，按 Return 或 Enter 键接受名称。

本书专注于为应用程序创建设计，但用户也可能希望将相关网站的设计内容包含在同一个项目文件中。iPad 画板代表网站的 iPad 尺寸。用户可以使用许多不同的方式，包括在项目开始时创建所需的画板，或者复制具有现有内容的画板、调整设计内容和画板的大小，以匹配不同的屏幕尺寸。

2.3.2 编辑画板

创建设计时，很可能需要更改画板的位置、调整它们的大小等。接下来，将介绍如何重新定位、调整大小和复制画板，以及为它们设置其他几个属性。

1. 在新的 iPad-Spot 画板仍被选中的情况下，在工作区右侧的属性检查器中，可以看到特定于所选画板的选项。在属性检查器中将宽度更改为 1112，高度更改为 834（iPad Pro 10.5in 的默认大小）。在输入最后一个值后，按 Return 或 Enter 键。单击 Portrait（纵向）图标（▯）可更改所选画板的方向，如图 2.10 所示。

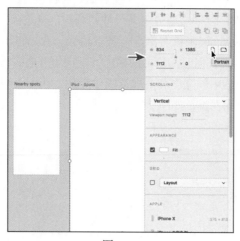

图 2.10

用户可以同时更改单个画板或多个选定画板的属性，例如宽度和高度。更改画板的大小或方向不会影响该画板上的作品。

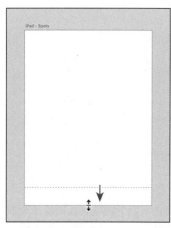

图 2.11

2. 按 Command + 0（macOS）或 Ctrl + 0（Windows）组合键，查看所有画板并将其置于文档窗口中央。

> **Xd** | 提示：在调整大小之前，可以选择锁定宽高比图标（🔓），以便宽度和高度都按比例变化。

3. 选择较大的画板时，将底部中点向下拖动以使画板更高，如图 2.11 所示。

用户可以使用 Select（选择）工具或 Artboard（画板）工具调整任何现有画板的大小。当画板的高度比原始尺寸高时，会注意到画板底部出现虚线。这表示画板的原始高度和可滚动内容的开始位置，这些内容将在后面的课程中学习。

4. 在"画板"工具仍处于选中状态时，抓住 iPad-Spot 画板的名称，并将其拖放到较小画板的下方，如图 2.12 所示。现在不要担心它的确切位置。用户可以将画板排列在对项目和过程有意义的设置中。

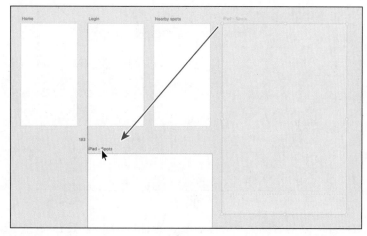

图 2.12

5. 选择工具栏中的 Select（选择）工具（▶）。

接下来，将通过拖动来复制画板。这可以通过选择"画板"工具或"选择"工具来完成。

6. 按住 Option（macOS）或 Alt（Windows）键将 Nearby spots 画板从内向右拖动，直到紫色间距指示显示的值为 70，然后会看到水平的智能参考线（Smart Guide）（表示它与其他参考线对齐）。释放鼠标左键，然后释放按键，结果如图 2.13 所示。

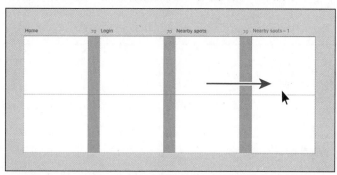

图 2.13

当它们之间的空间相同时，对象（本例中为画板）之间的紫色间距出现。

7. 将新画板（Nearby spots - 1）的名称更改为 Detail，按 Return 或 Enter 键接受名称。

8. 选择 View（视图）>Zoom To Fit All（缩放以适合全部），或按 Command + 0（macOS）或 Ctrl + 0（Windows）组合键。按几次 Command + "–"（macOS）或 Ctrl + "-"（Windows）组合键进行缩小。

9. 在 Detail 画板仍处于选中状态时，按 Command + D（macOS）或 Ctrl + D（Windows）组合键创建放置在右侧的副本，如图 2.14 所示。

在 Adobe XD 中，有很多方法可以创建画板。使用先前或其他的方法复制画板也会复制画板的内容。

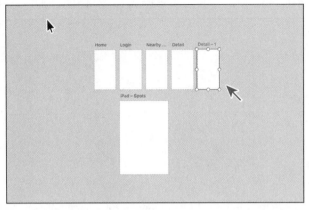

图 2.14

10. 将新画板（Detail - 1）的名称更改为 Instructor detail – Dann，按 Enter 或 Return 键接受名称。

11. 选择 File（文件）>Save（保存）（macOS），或在 Windows 上，单击应用程序窗口左上角的菜单图标（☰），然后选择保存。

Xd | **注意**：如果选择了"画板"（Artboard）工具，为了拖动并复制画板，需要拖动其画板名称，而不是在画板内拖动。

Xd | **提示**：也可以简单地复制和粘贴画板。

Xd | **注意**：如果放大得足够大，画板名称可能会被截断。

Adobe XD 中的单位

Adobe XD 无单位，专注于元素之间的关系。因此，例如，如果以 375×667 的单位设计 iPhone 6/7/8 画板，并且使用 10 单位字体大小的类型，那么无论设计的尺寸大小如何，该关系都保持不变。

——来自于 XD Help

2.3.3 改变画板外观

用户可以为文档中的每个画板更改多个属性，包括背景颜色、大小、网格等。例如，更改背景颜色可能对于在深色背景中显示白色图标或预览设计为深色背景的屏幕非常有用。

接下来，将更改创建的代表 Apple Watch 设计的新画板的外观。

1. 在工具栏中选择 Artboard（画板）工具（⬚）。单击右侧 Apple 屏幕尺寸中的手表（Watch）尺寸即可创建该尺寸的新画板。这里选择了 42mm 的尺寸（大家可能会看到不同的尺寸），如图 2.15 所示。

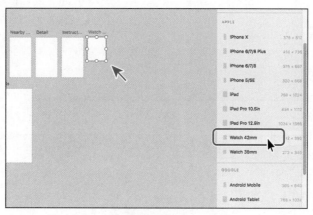

图 2.15

2. 选中"画板"工具后，按住画板 Watch 42mm – 1（或其他）的名称并向下拖动到 iPad 尺寸画板的右侧，如图 2.16 所示。

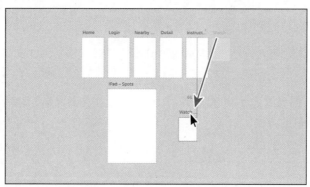

图 2.16

目前，Apple 公司建议使用黑色作为 Apple Watch 应用程序背景颜色。根据 Apple watchOS 人机界面指南，"……黑色与 Apple Watch 挡板无缝融合，创造了无边框屏幕的幻觉。"接下来，将把画板的颜色改为黑板。

3. 如果画板仍然被选中，则取消选择属性检查器中的 Fill（填充）选项，如图 2.17 所示。

用户可以关闭画板的默认白色填充，但请注意画板轮廓仍然可见。

4. 在属性检查器中选择 Fill（填充）选项，以打开默认的白色填充。

5. 单击属性检查器中的 Fill（填充）颜色框。在出现的颜色选择器中，将颜色区域拖入黑色，如图 2.18 所示。

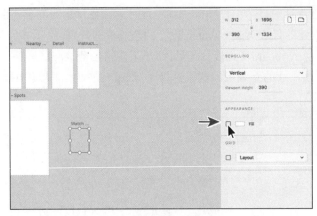

图 2.17

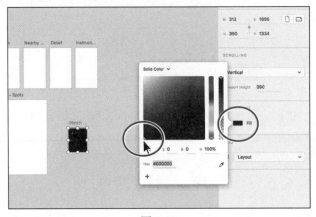

图 2.18

用户也可以将 Hex 值更改为 # 000000 或将 HSB 值更改为 H:0 S:0 B:0 A:100%。Adobe XD 为我们提供了几种输入颜色的方法。

6. 按 Esc 键隐藏颜色选择器。

Xd | 提示：用户可以选择多个画板，并一次更改所有背景颜色。

Xd | 注意：Adobe XD 更新添加了一个选项，用于在颜色选择器中选择颜色模型。

2.4 向画板添加网格

在 Adobe XD 中，有可以捕捉内容的通用像素网格，以及两种类型的画板网格选项：方形网格（square grid）和布局网格（layout grid），如图 2.19 所示。

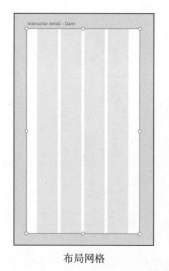
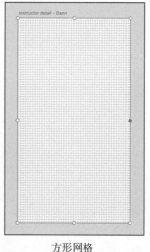

布局网格   方形网格

图 2.19

方形网格提供可以将内容水平和垂直对齐的向导。当绘制或转换内容，对象的边缘位于网格的管理单元区域内时，对象将自动对齐网格。方形网格可用于对齐对象，并在设计时提供一种测量的方法。

布局网格可用于在每个画板上定义列。布局网格可帮助用户定义设计的基础结构以及其中的每个组件如何响应不同的断点（用于响应式设计）。

将布局网格应用到画板后，可以将元素捕捉到它（类似于方形网格）上。但是，如果画板大小或网格被调整了，则捕捉到网格的项目不会调整大小或对网格的变化重新排列。

2.4.1 使用布局网格

在本节中，将学习为画板开启网格并更改网格的外观。

1. 选择 Select（选择）工具（▶），然后在名为 Instructor detail – Dann 的画板内单击将其选中，按 Command + 3（macOS）或 Ctrl + 3（Windows）组合键可放大该画板。

 注意：Adobe XD CC 的大部分测量和字体大小都使用虚拟像素，这与 CSS 像素或 iOS 中的基本测量单位具有相同的度量单位。虚拟像素大致等于 72 dpi 显示器上的一个物理像素（顺便说一下，一个点）。用户不能在 Adobe XD 中更改度量单位。

2. 在属性检查器的 Grid（网格）部分中选择 Grid（网格）选项以打开所选画板的网格，如图 2.20 所示。

默认情况下，将应用布局网格。当启用布局网格时，XD 根据画板的大小显示列。例如，手机大小的画板比平板电脑大小的画板的默认布局网格的列数少。

如果调整画板大小，则布局网格中的列宽将更改为适合新的画板大小。画板上的对象保持不变，即不会移动或调整大小。用户可以根据设计需要更改网格属性，这将是下一步要做的操作。

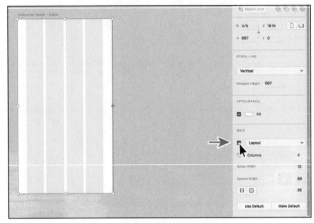

图 2.20

3. 在属性检查器中，单击 Column（列）左侧的颜色框，打开 Color Picker（颜色选择器），并更改网格的外观。向下拖动 Alpha 滑块（在颜色选择器的最右侧），使网格更加清晰可见，如图 2.21 所示。

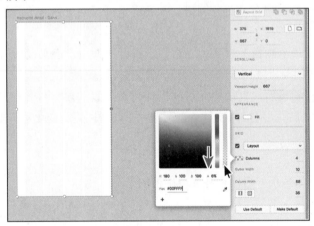

图 2.21

布局网格会覆盖了画板的内容。之后，当向这些画板添加内容时，让布局网格更加透明，可以让人更轻松地关注内容，而不是网格。用户还可以切换网格的可见性，这在以后的课程中会介绍。

4. 将列数更改为 2，如图 2.22 所示。

XD **注意：** 大家看到的默认网格可能看起来不一样。没关系，因为您很快就会改变外观。

XD **提示：** 可以选择 View（视图）>Show Layout Grid（显示布局网格）或 View（视图）>Show Square Grid（显示方形网格）（macOS），或按 Shift + Command +'（macOS）或 Shift + Ctrl +'（Windows）组合键为所选画板切换布局网格。

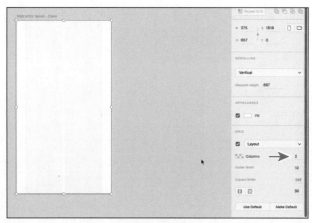

图 2.22

　　根据画板大小，列数和页边距设置自动计算 Gutter Width（装订线宽度）和 Column Width（列宽）。"装订线宽度"是列之间的距离，"列宽"是每列的宽度。根据设计的需要，可以在此处更改"装订线宽度"或"列宽"值。

5. 单击 Different Margin For Each Side（每边不同边距）（▣）按钮，并将 Margin Top（上边距）值更改为 30，按 Return 或 Enter 键查看更改，确保边距值分别为 30、36、0 和 36，如图 2.23 所示。

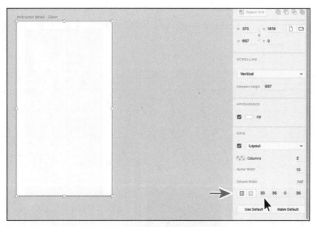

图 2.23

　　系统提供两种设置边距的选项：Linked Left/Right Margins（链接左 / 右边距）（▣）（默认）或 Different Margin For Each Side（每边不同边距）（▣）。如果需要在画板的任何一侧上设置不同的边距，则可以选择"每边不同边距"并更改该值。

Xd 　**注意**：用户可能需要调整"装订线宽度"和"列宽"值，以获得这些边距值。

---

6. 单击 Make Default（设为默认值）按钮，以确保这些布局网格设置是布局网格的默认设置，如图 2.24 所示。

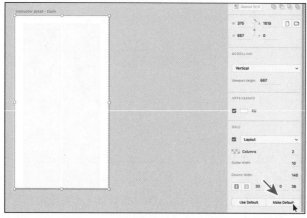

图 2.24

在标题为"使用多个画板"的部分中，将把布局网格应用于多个画板。

7. 按 Command + S（macOS）或 Ctrl + S（Windows）组合键保存文件。

布局网格技巧

　　喜欢布局网格的大纲样式？将布局网格中的 Alpha 设置为 0，这样您就只能看到线条，如图 2.25 所示。

——Elaine Chao（@elainecchao）

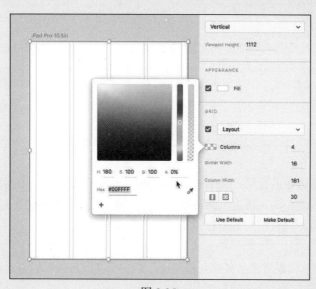

图 2.25

提示： 通过单击属性检查器的 Grid（网格）部分中的 Use Default（使用默认值）按钮，可以恢复为默认的方形或布局网格外观。

2.4.2 应用方形网格

现在将在 iPad 画板上应用方形网格。就像我刚才所说的那样，方形网格提供水平和垂直向导，可以将内容对齐，并可用于确定对象的测量。

1. 按 Command + 0（macOS）或 Ctrl + 0（Windows）组合键，查看所有画板。
2. 选择 Select（选择）工具后，单击名为 iPad-Spot 的画板将其选中。按 Command + 3（macOS）或 Ctrl + 3（Windows）组合键可以放大该画板。
3. 在属性检查器中，从 Grid（网格）菜单中选择 Square（方形）以应用它，如图 2.26 所示。

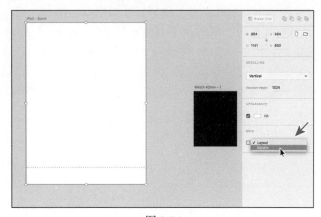

图 2.26

此时正在应用方形网格。

4. 单击网格大小，然后将该值更改为 15。按 Enter 或 Return 键接受该值，如图 2.27 所示。

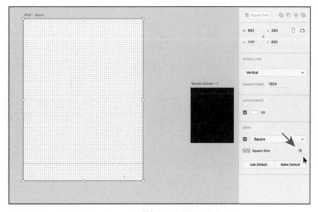

图 2.27

注意，网格大小越小，网格越密集；网格大小越大，网格越宽松。

5. 选择 File（文件）>Save（保存）（macOS），或单击应用程序窗口左上角的菜单图标（☰），然后选择 Save（Windows）。

2.4.3 使用多个画板

用户可以一次更改多个画板的背景颜色、大小等属性。这可以大大加快设计过程。接下来，将介绍如何将网格添加到多个画板，并将多个画板彼此对齐。

1. 按 Command + 0（macOS）或按 Ctrl + 0（Windows）组合键。按 Command + "-"（macOS）或 Ctrl+ "-"（Windows）组合键进行缩小。

2. 选择工具栏中的 Select（选择）工具（▶），单击画板周围的灰色粘贴板区域即可取消选择所有内容。

3. 将指针放在 Home 画板的左上角，向下拖动并穿过画板，继续拖动，直到蓝色选框框选了整个画板。突出显示画板时，继续拖动 Home 右侧的 Login、Nearby spots 和 Detail 画板，然后释放鼠标按键以将其全部选中，如图 2.28 所示。

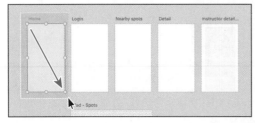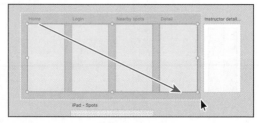

图 2.28

4. 在属性检查器的 Grid（网格）部分中选择 Layout（布局），选择 Grid（网格）选项以打开所有选定画板的布局网格，如图 2.29 所示。

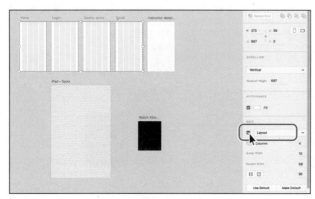

图 2.29

选择一系列画板后，还可以更改属性检查器中显示的其他值，例如宽度和高度。选择一系列画板并应用宽度和高度等属性是确保一致性的好方法。

提示：拖动选择多个画板时，只需将其中一个完全包含在选择区域中。

注意：显示的默认网格可能有不同数量的列。没关系，接下来就会改变画板属性。

5. 单击属性检查器中的 Use Default（使用默认）按钮，将默认布局网格应用于所选画板，如图 2.30 所示。

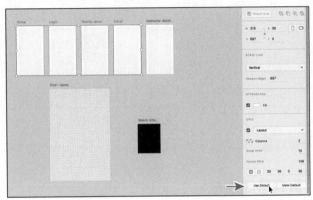

图 2.30

之前设置了默认布局网格，所以所选画板上的布局网格应与 Instructor detail – Dann 画板中的布局网格相匹配。

6. 单击灰色的粘贴板区域以取消选择画板。

在第 5 课中，将学习如何使用"图层"面板选择和导航画板。

7. 在名为 iPad - Spots 的画板内单击以选中它。按住 Shift 键并单击黑色背景的手表画板，将其选中。

8. 单击属性检查器顶部的 Align Top（顶部对齐）选项（ T ），将最底部画板的顶部边缘与最顶部画板的顶部边缘对齐，如图 2.31 所示。

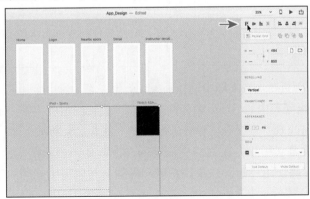

图 2.31

Align（对齐）选项固定在属性检查器的顶部，这意味着它们始终显示。它们也是自动相关的，这意味着当它们不可用时则变暗。在第 5 课中，将学习如何对齐内容和画板。

9. 拖动所选的画板，将其移至右侧，仍在其他画板下方，如图 2.32 所示，确保在选定的画板和上面的画板之间留出间隙。

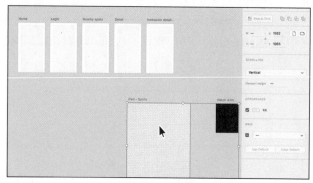

图 2.32

10. 单击灰色的粘贴板区域以取消选择画板。

2.5 使用"图层"面板管理画板

在第 1 课中了解了"图层"面板，并了解如何使用它来导航文档中的画板。在本节中，将了解如何从"图层"面板创建和管理画板。当继续学习本书的课程时，会使用到所学的知识。

1. 按 Command + 0（macOS）或按 Ctrl + 0（Windows）组合键，查看文档中的所有设计内容。
2. 选择 Select（选择）工具（▶）后，单击灰色的粘贴板区域以取消选择。

虽然在上一节的最后部分只是做了这一点，但现在重要的是不要为下一步选择任何内容。

3. 单击应用程序窗口左下角的图层面板图标（◈），打开"图层"面板。

在"图层"面板中，如果未选中任何内容，则会看到文档中所有画板的列表。注意，画板按照创建顺序列出，最后一个创建的画板在列表顶部。

4. 在"图层"面板列表中单击 Home，如图 2.33 所示。

 提示： 也可以按 Command + Y（macOS）或 Ctrl + Y（Windows）组合键来切换"图层"面板的可见性。

在列表中选择一个画板时，在文档中选择画板，就像在第 1 课中学到的一样。

5. 将"图层"面板列表中的 Home 画板向上拖动。当看到列表中第一个项目（这里是 Watch 42mm - 1）上方出现一根线时，释放鼠标按键，如图 2.34 所示。

作者倾向于按照屏幕（用户）在文档中流动的顺序拖动画板。换句话说，在一个应用程序中，可能有一个登录屏幕。用户输入登录信息后，可能会在应用中看到的下一个屏幕是主屏幕。

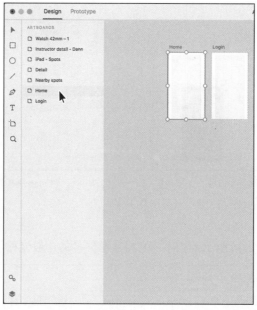

图 2.33

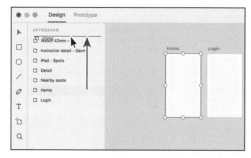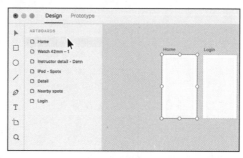

图 2.34

主屏幕画板将沿着流程中的登录屏幕画板（通常从左到右）。这也可以使后面的画板更容易找到。不管您想要什么，都可以组织它们。

 注意： Adobe XD 的更新添加了批量导出选项。在"图层"面板中选择一个画板或内容将显示批量导出（ ⬚ ）的标记。书中的图中未显示该图标。

"图层"面板和画板堆叠顺序

"图层"面板中画板的顺序反映文档中画板的堆叠顺序。例如，在"图层"面板列表顶部的 Home 画板中，将其拖到文档中另一个画板的顶部会使 Home 画板位于其他画板之上。下面为这个例子的 Home 画板增加了一个黑色的背景颜色，这样可以更容易地分辨出发生了什么，如图 2.35 所示。

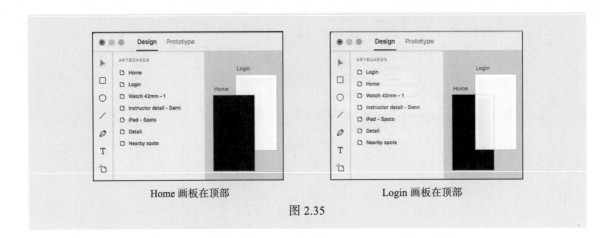

Home 画板在顶部   Login 画板在顶部

图 2.35

6. 将画板拖动到如图 2.36 所示的顺序。它将遵循屏幕的一般流程。

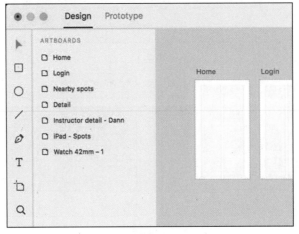

图 2.36

7. 在"图层"面板中单击 Detail 画板，然后按住 Shift 键并单击 Instructor detail – Dann 画板，将它们都选中。在属性检查器中，将高度（Height）更改为 900，如图 2.37 所示。

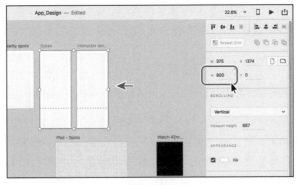

图 2.37

注意： 画板上会出现虚线，表示原始高度和可滚动内容的开始位置。使用"图层"面板选择画板有时会更容易。

8. 按 Command + 0（macOS）或按 Ctrl + 0（Windows）组合键查看所有画板。
9. 单击 Watch 42mm - 1 画板（名称可能不同），选中它并在"图层"面板列表中看到它。右键单击"图层"面板中的 Watch 42mm - 1，然后选择 Duplicate（复制）以在原件右侧创建副本，如图 2.38 所示。

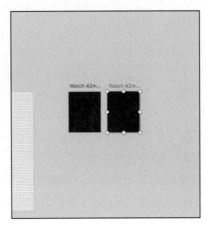

图 2.38

在右键单击时出现的上下文菜单中，将看到一系列命令，例如 Copy（复制）、Delete（删除）、Duplicate（重复）等。这些命令可以应用于选定的画板。在"图层"面板中执行某些操作（例如这些操作）有时可能会更快，尤其是在同时处理大量画板时。

10. 将名为 Watch 42mm - 2 的新图层（名称可能不同）拖到"图层"面板的底部，如图 2.39 所示。

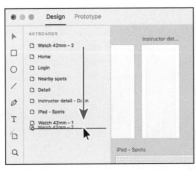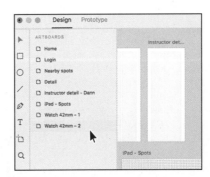

图 2.39

这样可以保持画板更加有条理（将类似的画板分组在一起），以便以后在"图层"面板中轻松找到它们。

11. 单击文档中的灰色粘贴板区域，取消选择所有内容。

12. 按 Command + 0（macOS）或 Ctrl + 0（Windows）组合键查看所有画板，如图 2.40 所示。

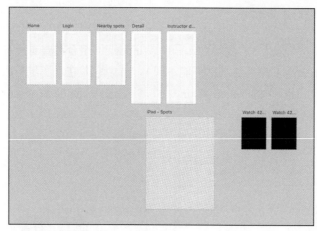

图 2.40

13. 选择 File（文件）>Save（保存）（macOS），或在 Windows 上单击应用程序窗口左上角的菜单图标（☰）并选择 Save。

14. 如果打算跳到下一课学习，可以打开 App_Design.xd 文件。否则，对于每个打开的文档，选择 File（文件）>Close（关闭）（macOS）或单击右上角的 X（Windows）按钮。

2.6 复习题

1. 画板在 Adobe XD 中代表什么？
2. 默认情况下，当把画板调整得更高时，画板上会出现一条虚线。该虚线表示什么？
3. 为了查看 Adobe XD 附带的预设画板尺寸，必须选择哪个工具？
4. 画板网格的用途是什么？
5. "图层"面板中画板的顺序是什么？

2.7 复习题答案

1. 在 Adobe XD 中，画板代表设计中的屏幕（应用）或页面（网站）。每个 Adobe XD 文件都可以包含许多相同或不同大小和方向的画板。
2. 画板变高后显示在画板上的虚线表示画板的原始高度和可滚动内容的开始位置。这对确定设备上最初可见的内容很有用。
3. 要在文档打开时查看预设的 Adobe XD 附带的画板尺寸，必须选择 Artboard（画板）工具（□）。
4. 在 Adobe XD 中，每个画板可以包含布局网格或方形网格，以提供可以将内容对齐的指示。网格对于对齐对象非常有用，并且可以在设计时快速了解测量值。
5. "图层"面板中画板的顺序反映文档中画板的堆叠顺序。

第3课　创建图形

课程概述

本课介绍的内容包括：

- 创建和编辑形状；
- 更改填充和边框；
- 使用布尔操作组合形状；
- 用 Pen（钢笔）工具绘制；
- 使用 Pen（钢笔）工具编辑路径和形状；
- 使用 UI 套件。

本课程大约需要 60 分钟完成。开始之前，请先将本书的课程资源下载到本地硬盘中，并进行解压。在学习本课时，将覆盖相应的课程文件。建议先做好原始课程文件的备份工作，以免后期用到这些原始文件时，还需重新下载。

Onshore

除了使用 Adobe XD 中的形状工具创建图稿，还可以使用 Pen（钢笔）工具创建图稿。借助这些工具，可以精确绘制直线、曲线和更复杂的形状。

3.1　开始课程

在本课中，将以按钮、图标和其他图形元素的形式创建矢量形状。首先，打开一个课程完成文件来了解创建的内容。

1. 打开 Adobe XD CC。
2. 在 macOS 上，选择 File（文件）>Open（打开），或者如果"开始"屏幕没有打开任何文件，单击"开始"屏幕中的 Open 按钮。在 Windows 上，单击应用程序窗口左上角的菜单图标（☰）并选择 Open，或者如果在没有文件打开的情况下，单击"开始"屏幕中的（Open）按钮。打开名为 L3_end.xd 的文件，该文件位于 Lessons> Lesson03 文件夹中。
3. 如果在应用程序窗口的底部看到 Missing Fonts 消息，单击 Show Missing Fonts（显示缺少的字体）链接，如图 3.1 所示。

图 3.1

如果 XD 在系统中找不到 XD 文件中使用的字体，则认为系统中缺失相应的字体。字体将被替换为系统字体，直到缺少的字体变为可用，或者将不同的字体应用于当前缺少应用字体的文本，如图 3.2 所示。

图 3.2

4. 单击 OK。为了替换丢失的字体，需要找到丢失字体的位置并将其替换。
5. 选择 View（视图）>Zoom To Fit All（缩放以适合全部）（macOS），或者从右上方的缩放菜单（Windows）中选择 Zoom To Fit All（缩放以适合全部），并保留该文件以供参考，如图 3.3 所示。

这个文件只是为了展示在本课结束时创建的内容。

> **Xd** ┃ **注意：** Apple San Francisco 字体来自于 UI Kit 的内容，这些内容将粘贴在之后的设计中。

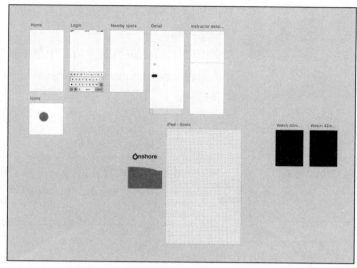

图 3.3

3.2　图形与 Adobe XD

在 Adobe XD 中，将创建并使用矢量图形（有时称为矢量形状或矢量元素）。矢量图形由称为矢量的数学对象定义的直线和曲线组成。用户可以在 Adobe XD 或 Adobe Illustrator 等程序中创建矢量图形。在 Adobe XD 中使用各种方法和工具，可以自由移动或修改创建的形状或路径。这些可以是图标、按钮和其他设计元素的形式。

Adobe XD 还允许合并位图图像（技术上称为光栅图像），它使用图片元素（像素）的矩形网格来表示图片。每个像素都分配了一个特定的位置和颜色值。光栅图像可以在 Adobe Photoshop 等程序中创建。在第 4 课中，将了解可以导入 Adobe XD 的各种图像类型以及如何使用它们。

3.3　创建和编辑形状

使用一系列可用的绘图工具，可以轻松地在 Adobe XD 中创建矢量图稿。如果用户使用过 Adobe 其他应用程序，会发现 Adobe XD 中的绘图工具相当简单且高效，但有一些差异。下面将添加一个将在本课稍后部分创建和编辑形状的画板。

1. 选择 File（文件）>Open（打开）（macOS）或单击应用程序窗口左上角的菜单图标（☰），然后选择 Open（Windows），打开 Lessons 文件夹中的 App_Design.xd 文档（或保存它的位置）。
2. 按 Command + 0（macOS）或 Ctrl + 0（Windows）组合键查看所有内容。
3. 在工具栏中选择 Artboard（画板）工具（▢）。在 Home 画板下方，拖动以创建一个较小的画板，如图 3.4 所示。用户可以将图标、按钮和其他作品添加到该画板中。

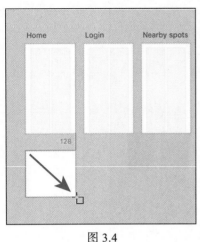

图 3.4

4. 双击新的画板名称并将其更改为 Icon，按 Enter 或 Return 键接受名称。

5. 在文档窗口（Detail 画板上方）中单击画板名称 Detail 以选择该画板，按 Command + 3（macOS）或 Ctrl + 3（Windows）组合键放大。

6. 选择 Select（选择）工具（▶）并单击画板外部，取消选择全部。

> **注意：** 如果使用"前言"中的"跳读"方法从头开始，则从 Lessons> Lesson03 文件夹中打开 L3_start.xd。

3.3.1 使用形状工具创建形状

在本节中，将使用形状工具创建一系列形状。这些形状将成为按钮、分隔符和其他图形元素。

1. 在工具栏中选择 Rectangle（矩形）工具（□）。在 Detail 画板的底部附近，将指针放在画板的左边缘上，直到画板的边框变为浅绿色（aqua）。此颜色变化表示已启动智能参考线（Smart Guide）。这可以确保所画的矩形将捕捉到画板的左边缘。从智能参考线（Smart Guide）开始，拖动鼠标左键绘制一个覆盖画板底部的矩形，并停在画板的右下角。当智能参考线（Smart Guide）出现在画板的右侧和底部边缘时，释放鼠标左键，如图 3.5 所示。

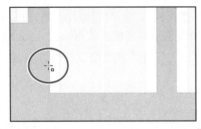

图 3.5

智能参考线（Smart Guide）始终处于开启状态，便于对创建或变换的内容进行对齐和调整间隔。

2. 选中矩形后，向上或向下拖动形状的顶部中间点，直到属性检查器中高度值变为约 60，如图 3.6 所示。

与编辑画板一样，在绘制或编辑形状时，属性检查器中的"宽度"和"高度"值将更改以反映当前所选内容的大小。

3. 按空格键激活 Hand（手形）工具（✋），然后在文档窗口中拖动，以便看到在上一节中创建的 Icons 画板，释放空格键。

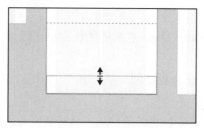
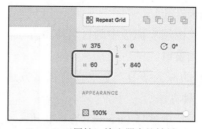

拖动以调整矩形大小   Property（属性）检查器中的结果

图 3.6

4. 在工具栏中选择 Ellipse（椭圆）工具⬭（或按 E 键选择 Ellipse 工具）。按 Shift 键并拖动鼠标左键在画板上创建一个圆。拖动时，注意属性检查器中的宽度和高度。当宽度大约为 100，高度为 100 时，释放鼠标左键，然后松开 Shift 键，结果如图 3.7 所示。

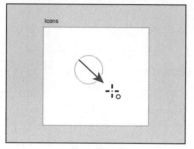
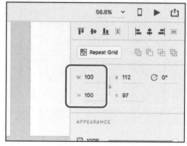

拖动以创建一个圆   Property（属性）检查器中的结果

图 3.7

Xd 提示：绘制形状时，可以按 Option（macOS）或 Alt（Windows）从中心进行绘制，或按 Shift 键约束形状的比例。在使用矩形工具的情况下，按住 Shift 键则绘制正方形。

Xd 提示：按字母 R 可以选择矩形工具。

Xd 注意：绘制形状后，使用的形状工具仍处于选中状态。对于某些转换，例如调整角的大小和将角转换为圆角，则不需要切换工具。

Xd 注意：在 Windows 上，如果发现无法使用 Hand（手形）工具进行拖动，则可以按住空格键，然后按下并释放另一个键（例如 Alt 键）。在空格键仍然按住的情况下，拖动文档窗口。

5. 按 Command + Shift + A（macOS）或 Ctrl + Shift + A（Windows）组合键，取消全部选择。

6. 按 Command + Y（macOS）或 Ctrl + Y（Windows）组合键，打开 Layers（图层）面板（如

果尚未打开）。

7. 双击"图层"面板中画板名称 Instructor detail - Dann 左侧的画板图标（■），以使画板适合文档窗口。

随着课程的深入学习，会发现有很多方法可以在画板之间导航。其中"图层"面板是在第 1 课中学到的一种方法。

8. 在工具栏中选择 Line（线条）工具（╱），或按 L 键选择 Line 工具。从所选画板的左边缘，按住 Shift 键用鼠标左键拖动到画板的右边缘，以创建一条横贯整个画板的线。当画板右侧出现半透明智能参考线（smart guide）时，松开鼠标左键，然后释放 Shift 键，结果如图 3.8 所示。

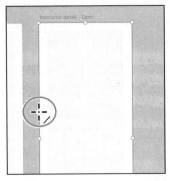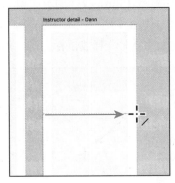

图 3.8

Shift 键将图形限制为 45° 的倍数。在以后的课程中，将使用此方法绘制的线段作为内容之间的分隔符。

9. 按 Command + Shift + A（macOS）或 Ctrl + Shift + A（Windows）组合键取消选择该行。只有在取消选中该行后，才可以再次在"图层"面板中看到所有的画板。

3.3.2 改变填充和边框

当前设计中已经有几个形状，下面将改变其中几个的外观属性。

1. 在"图层"面板中双击画板名称 Detail 左侧的画板图标（■），以使画板适合文档窗口。

2. 选择工具栏中的 Select（选择）工具（▶）。

3. 单击以选择画板底部绘制的矩形。单击属性检查器中的 Fill（填充），以显示颜色选择器。将 HSB 和 A 值（色调、饱和度、亮度和 Alpha）更改为 H:213 S:13 B:55 A:22，以应用具有透明度的中等灰度的填充颜色，如图 3.9 所示。用户可能需要按 Return 或 Enter 键来接受最后一个值。

 注意：图 3.9 所示为在输入最后一个数值后并按 Return 或 Enter 键之前的样子。

Color Picker（颜色选择器）提供了多种方法来改变作品的颜色，包括 Hex 值（例如 #000000）和数值（色调、饱和度、亮度和 Alpha）。

4. 按 Esc 键隐藏颜色选择器。

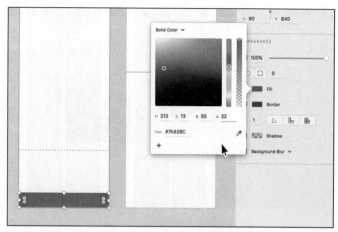

图 3.9

5. 取消选择 Border（边框）以关闭所选矩形的边框，如图 3.10 所示。

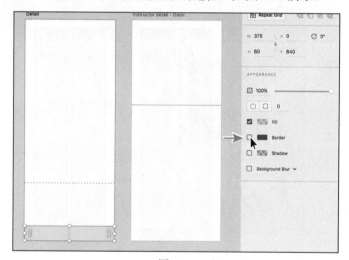

图 3.10

Xd | **注意**：Adobe XD 的一个更新中添加了一个选项，用于在颜色选择器中选择颜色模型。请确保从该菜单中选择 HSB。

Xd | **注意**：如果已按 Esc 键取消选择矩形，请单击以再次选择它。

6. 按 Command + 0（macOS）或 Ctrl + 0（Windows）组合键，查看所有设计内容。

7. 单击在画板上绘制的圆圈将其选中。在属性检查器中取消选择 Border（边框）选项以关闭边框。

8. 单击填充颜色，显示颜色选择器。将 HSBA 值更改为 H:213，S:13，B:55，A:100 以应用灰色，如图 3.11 所示。用户可能需要按 Return 或 Enter 键才能看到最终的颜色。

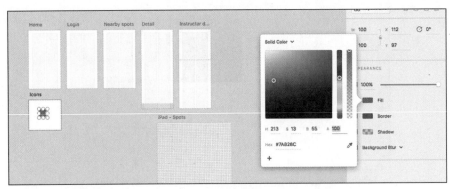

图 3.11

9. 单击颜色选择器底部的加号（+）以保存颜色，如图 3.12 所示。

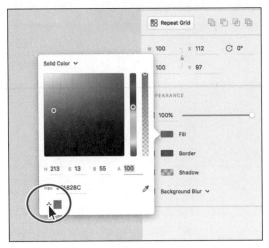

图 3.12

用这种方法可以保存创建的填充和边框颜色。无论何时需要使用本文档中的颜色选择器编辑颜色，都将显示保存的颜色，并且无法命名。

10. 单击灰色的粘贴板区域以隐藏颜色选择器并取消选择该圆圈。

11. 按 Command + S（macOS）或 Ctrl + S（Windows）组合键保存文件。

选择一个画板提示

当画板上的内容和选择工具被选中时，可以通过双击其背景来选择画板。

——Elaine Chao（@elainecchao）

3.3.3　生成圆角

说到矩形，用户可以轻松地将矩形的所有边角或某个边角变为圆角。在下一节中，将创建一个圆角矩形，并将其变为一个按钮。

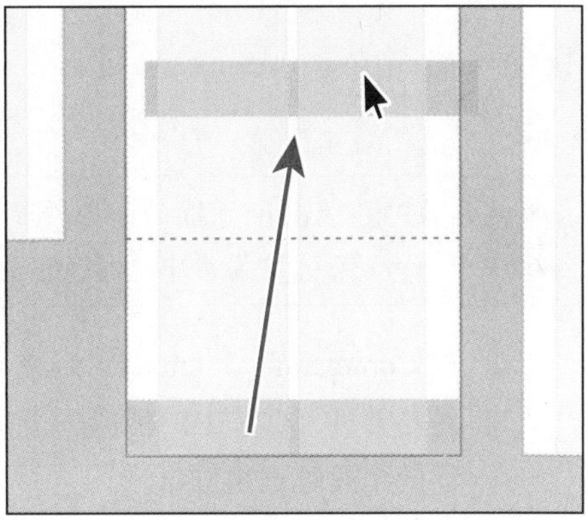

1. 选择 Select（选择）工具▶后，单击 Detail 画板以使其成为活动画板，如图 3.13 所示。按 Command + 3（macOS）或 Ctrl + 3（Windows）组合键以将文件夹放入文档窗口中。

2. 单击 Detail 画板底部的浅灰色矩形将其选中。

图 3.13

3. 按 Command + C（macOS）或 Ctrl + C（Windows）组合键进行复制，然后按 Command + V（macOS）或 Ctrl + V（Windows）组合键将副本直接粘贴到原件的顶部。在画板上将矩形副本向上拖动。

4. 在属性检查器中单击 Fill（填充）颜色以打开颜色选择器。将 HSBA 值更改为 H:214，S:56，B:20，A:100，以应用深蓝色的填充颜色，如图 3.14 所示。在输入最后一个值后，按 Return 或 Enter 键。

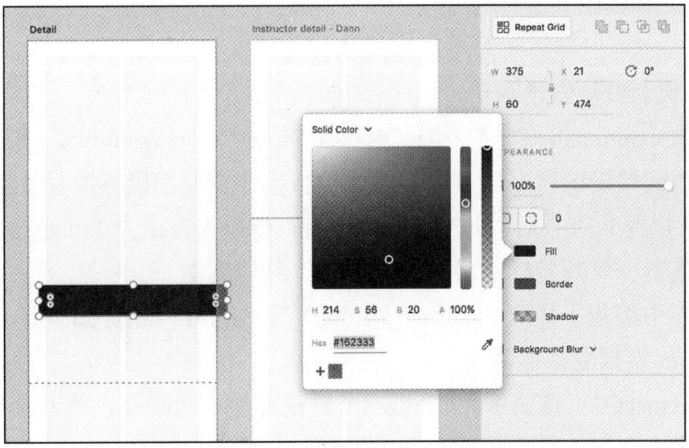

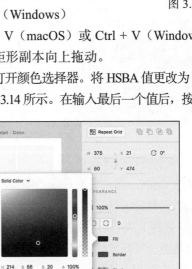

图 3.14

5. 在矩形仍处于选中状态的情况下，将属性检查器中的宽度更改为 60 并将高度更改为 30，如图 3.15 所示。在输入最后一个值后，按 Return 或 Enter 键。

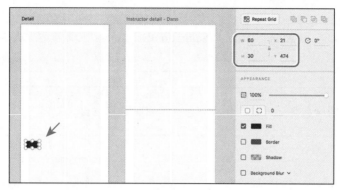

图 3.15

注意：Adobe XD 的一个更新中添加了一个选项，用于在颜色选择器中选择颜色模型。请确保从该菜单中选择 HSB。

6. 按 Command + 3（macOS）或 Ctrl + 3（Windows）组合键放大矩形。
7. 将角部件（◉）中的任何一个拖向形状的中心以一次性调整所有角落，如图 3.16 所示。拖动的距离越远越好。

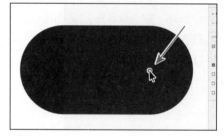

图 3.16

接下来，将在形状上独立创建圆角。

8. 按 3 次或 4 次 Command + "−"（macOS）或 Ctrl + "−"（Windows）组合键进行缩小。不要忘记，要缩放到特定区域，还可以使用触控板捏住或使用鼠标滚动 / 按住 Alt 键滚动。
9. 选择 Select（选择）工具后，按住 Option（macOS）或 Alt（Windows）键将蓝色圆角矩形从原始位置拖走。松开鼠标左键再松开按键以创建副本。
10. 在属性检查器中将角半径值（Corner Radius）更改为 0 以删除角半径，如图 3.17 所示。按 Enter 或 Return 键接受该值。
11. 按住 Option（macOS）或 Alt（Windows）键拖动左上角半径，将其拖向形状的中心。当在属性检查器中看到左上角半径值大约为 4 时，释放鼠标左键，如图 3.18 所示。

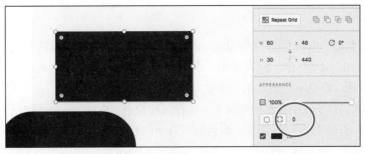

图 3.17

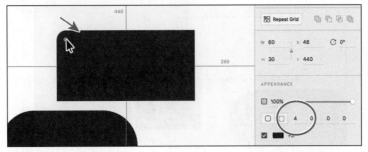

图 3.18

提示：拖动选定内容的副本时，可以按 Shift 键来限制移动。

提示：还可以将形状上的任何角部件从形状的中心拖走，以去除角半径。

通过按住 Option（Alt）键进行拖动，可以更改其中一个角半径。当通过按住 Option/Alt 键拖动更改单个角半径时，属性检查器中将选中 Different Radius For Each Corner（每个角不同半径）的选项（▢），允许单独更改每个圆角半径。

12. 将属性检查器（4 个中的第一个值）更改为 5，然后按 Enter 或 Return 键接受该值，如图 3.19 所示，保持形状被选中。

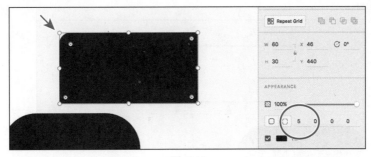

图 3.19

3.3.4 编辑形状

如果用户曾在其他 Adobe 程序（如 Illustrator）中编辑过形状，则可能习惯于切换工具来完成形状编辑任务。在 Adobe XD 中，只需使用一个工具（选择工具）即可轻松完成形状编辑。在本节中，将学习编辑形状，将以不同方式组合形状，以制作更复杂的形状。

1. 在先前形状仍处于选中状态的情况下，选择属性检查器中的 Border（边框）选项以添加边框。

2. 单击属性检查器中的 Fill（填充）颜色框以显示颜色选择器。将 Hex 值更改为 ffffff（白色），然后按 Enter 或 Return 键接受颜色更改，如图 3.20 所示。

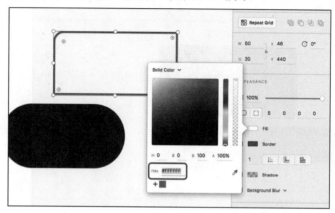

图 3.20

形状的填充可能看起来是蓝色而不是白色。这是因为布局网格已经针对画板而打开，并且布局网格在画板上叠加了内容。这就是在前面更改布局网格的 alpha 值的原因。

> **Xd** **提示**：单击 Same Radius For All Corners（所有角相同半径）选项（○），以确保它们完全相同。

> **Xd** **注意**：Adobe XD 的一个更新中添加了一个选项，用于在颜色选择器中选择颜色模型。请确保从该菜单中选择了十六进制。

3. 向上拖动形状下边缘的中点以缩短选定的形状。查看属性检查器以确保其高度为 25，如图 3.21 所示。

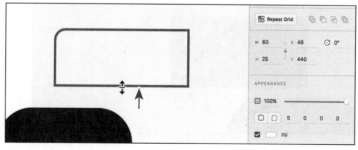

图 3.21

每个形状创建时都有一个边界框。这用于以不同方式转换形状。默认情况下，当转换形状时，角半径值不会更改。

4. 双击所选形状。

双击形状将进入 Path Edit（路径编辑）模式，可以在其中查看和编辑形状的各个锚点。

5. 单击左下角的点将其选中，然后将其向左拖动，使其与最右侧的锚点保持一致，如图 3.22 所示。

拖动时，形状底部会出现半透明的水平智能参考线（smart guide），指示该点与最右侧的点水平对齐。为了使智能参考线与对象或定位点对齐，需要在文档窗口中显示对象或定位点。换句话说，确保到目前为止，用户没有进行放大，使得看不到按钮底部的两个锚点。

6. 双击当前选定点上方的点将其转换为角点。再次双击相同的点将其转换为平滑点，如图 3.23 所示。

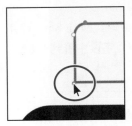 
图 3.22

图 3.23

7. 按 Command + 3（macOS）或 Ctrl + 3（Windows）组合键以放大矩形。

提示：编辑形状时，可以按 Option（macOS）或 Alt（Windows）键从中心调整大小，或按 Shift 键约束形状的比例。

注意：本节后面的内容将详细介绍如何编辑定位点。

8. 将任一方向线的末端（在图 3.24 中圈出）拉近至选定的定位点。

在 Adobe XD 中，可以轻松编辑现有形状，而无需从 Select（选择）工具中切换工具。在 3.4 节中，将学习如何使用 Pen（钢笔）工具、Select 工具创建和编辑路径。

9. 按 Esc 键退出路径编辑模式。边界框现在再次显示，而锚点被隐藏了。

10. 按 Command + "–"（macOS）或 Ctrl + "–"（Windows）组合键 4 次即可实现缩小。

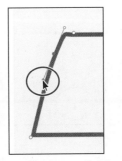 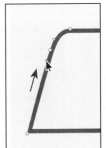
图 3.24

11. 按 Command + S（macOS）或 Ctrl + S（Windows）组合键保存文件。

3.3.5　合并形状

像许多其他绘图应用程序一样，Adobe XD 提供了几种以不同方式组合形状的布尔（Boolean）操作。系统有 4 种布尔操作可供选择：添加、减去、相交和排除重叠。使用布尔操作对于用简单的形状创建更复杂的形状可能非常有用。对作者而言，在 Adobe XD 中使用布尔操作组合形状的最好的一点是，即使在组合了多个形状后，仍然可以编辑每个单独的形状。接下来，将合并几个形状（包括刚刚处理的形状）来创建一个相机图标。

1. 使用 Select（选择）工具（▶）并保证上一节最后部分的形状仍处于选中状态，按 Command + C（macOS）或 Ctrl + C（Windows）组合键复制形状，然后按 Command + V（macOS）或 Ctrl + V（Windows）组合键在原件顶部进行粘贴。

接下来，将翻转形状副本并将副本与原始图像合并，以创建相机图标的顶部。

2. 继续选择形状副本，并将指针放在其中一个角上。当指针改变（↗）时，按住 Shift 键并顺时针拖动以旋转形状，如图 3.25 所示。在属性检查器的 Rotate（旋转）字段中看到 180 时，释放鼠标左键，然后释放 Shift 键。

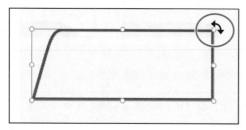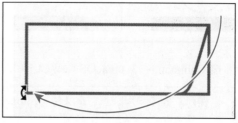

图 3.25

3. 按住 Option（macOS）或 Alt（Windows）键拖动底部中间边界点以调整中心的形状。向上拖动直到形状翻转，并出现半透明的水平智能参考线，表明它与原版对齐，如图 3.26 所示。释放鼠标左键，然后释放按键。

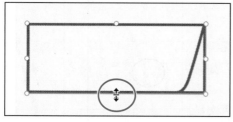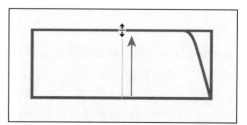

图 3.26

4. 将刚刚翻转的形状拖到右侧。当它与原始形状重叠并出现半透明的水平智能参考线时，表明它仍与原始形状垂直对齐，释放鼠标左键，如图 3.27 所示。

5. 在两个形状间拖曳来选择它们，如图 3.28 所示。

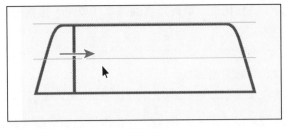

图 3.27

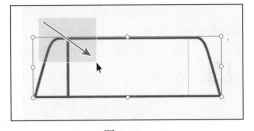

图 3.28

> **Xd** 提示：通过按住 Shift 键将形状的右中间边界点向左拖动，直到它再次成为原始大小，从而一步完成第 2 步和第 3 步。

6. 单击属性检查器中的 Add（添加）按钮（ ）以合并形状，如图 3.29 所示。

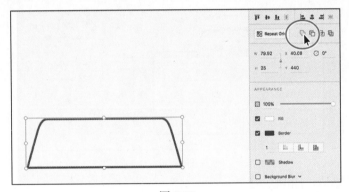

图 3.29

7. 多次按 Command + "－"（macOS）或 Ctrl + "－"（Windows）组合键进行缩小。

8. 选择 Rectangle（矩形）工具（□），然后绘制一个与在图 3.30 中看到的大小大致相同的形状。

9. 在属性检查器中将 Corner Radius（角半径值）更改为 8。

10. 选择 Select 工具（▶）并将新形状拖到组合形状上，使它们进一步重叠并对齐。垂直智能参考线将在对齐时出现，如图 3.31 所示，保持形状被选中。

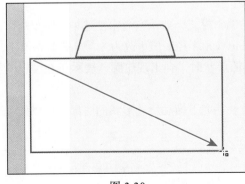

图 3.30

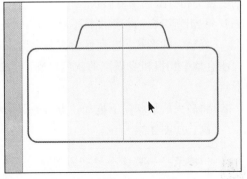

图 3.31

接下来，将结合新形状和之前组合的形状来制作一台相机。最终形状的外观（填充、边框等）来自最底部的形状。

> **Xd** | **注意**：很可能会覆盖之前创建的蓝色形状，不过没关系。

11. 在先前形状仍被选中的情况下，按住 Shift 键并单击其上方的形状。单击属性检查器中的 Add（添加）按钮（⬚）以合并形状，如图 3.32 所示。

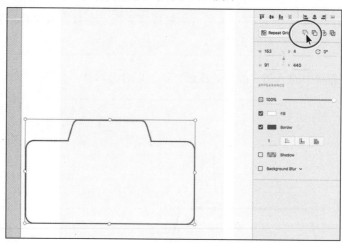

图 3.32

这将是所创建的图标的相机机身。

12. 拖动新相机图标，以便它不再位于蓝色形状的顶部（如有必要）。

这时会创建一个由组合形状和路径组成的形状。在 3.3.6 节中，将看到如何编辑组合的形状，并完成相机图标。

3.3.6　编辑合并的形状

无论将哪些操作用于合并形状，用户始终可以编辑开始时所使用的基础形状。接下来，将对刚刚创建的相机图标编辑形状。

1. 双击新组合的相机图标形状，进入所选形状的编辑模式。如果它尚未被选中，则单击以选择较大的形状，在属性检查器中将 Corner Radius（角半径）值更改为 3，如图 3.33 所示。

注意整个相机机身周围的蓝色轮廓。当双击组合的形状时，会出现轮廓，表示正在编辑的组合形状。

2. 将较大的形状向下拖动一点，确保形状仍然重叠。向下拖动所选形状的底部中点以使其更高，如图 3.34 所示。

> **Xd** | **提示**：如果这个较大的形状比图 3.34 中的要窄，可以通过按住 Option（macOS）或 Alt（Windows）键拖动左侧或右侧的某个点，以使两侧变宽。

3. 单击选中顶部较小的形状。

查看属性检查器并确认 Add（添加）选项处于打开状态，布尔操作（如添加）可以随时打开或关闭。

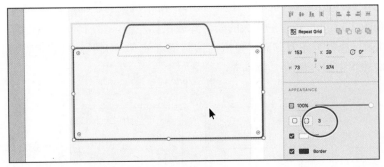

图 3.33

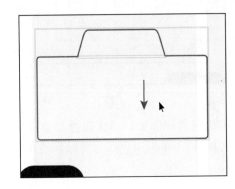
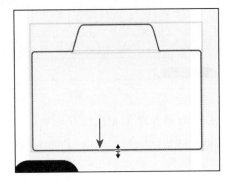

图 3.34

4. 双击同一形状以仅编辑这些形状，如图 3.35 所示。

5. 按一次 Esc 键并再次选择较小的组合形状。再次按 Esc 键停止编辑各个形状并选择整个组合形状，如图 3.36 所示。

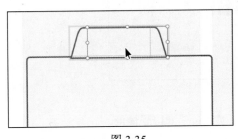

图 3.35

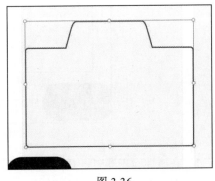

图 3.36

6. 选择 Object（对象）>Path（路径）>Convert To Path（转换为路径）（macOS）或右键单击

并选择 Path（路径）>Convert To Path（转换为路径）（Windows）。如果要将路径组合设为永久性（不能再编辑单个路径）并且能够编辑组合路径的锚点，则 Convert To Path 命令很有用。

7. 在工具栏中选择 Ellipse（椭圆）工具（○）。在相机机身顶部，按住 Shift 键并拖动以创建一个与在图 3.37 中看到的一样大的圆。释放鼠标左键，然后释放 Shift 键。

8. 选择 Select（选择）工具（▶）并拖动该圆形，使其（水平）对齐组合形状。一条浅绿色智能参考线将出现，如图 3.37 所示。

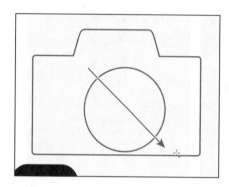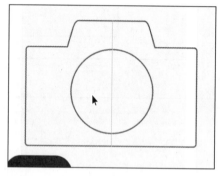

图 3.37

9. 按住 Shift 键并单击相机机身形状以选择相机机身和圆形。单击属性检查器中的 Border（边框）颜色框以显示 Color Picker（颜色选择器）。单击以应用之前保存的灰色色板，如图 3.38 所示。

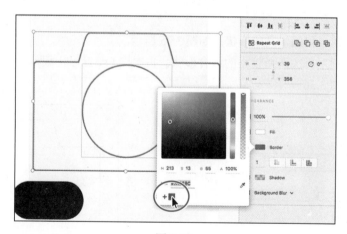

图 3.38

10. 在属性检查器中将 Border 值更改为 2，按 Return 或 Enter 键接受该值。

11. 在所选内容上单击鼠标右键，然后选择 Group（组合）来组合内容，保持选中相机组合。

3.3.7　将内容与像素网格对齐

在 Adobe XD 中创建矢量内容或从其他来源引入矢量内容时，重要的是后导出的图像看起来要很清晰。要创建精确到像素的设计，可以使用 Align To Pixel Grid（对齐像素网格）选项将图稿对齐到像素网格。像素网格是每英寸 72 个方格的不可见网格。对齐像素网格是一种对象级属性，可使对象的垂直和水平路径与像素网格对齐。接下来，将创建的相机组合与像素网格对齐。

1. 选择相机组合后，选择 Object（对象）>Align To Pixel Grid（对齐像素网格）（macOS）或右键单击所选图稿，并选择 Align To Pixel Grid（对齐像素网格）。

当垂直和水平路径与像素网格对齐时，注意图形中的细微变化，如图 3.39 所示。左侧是作为 PNG 导出的与像素网格不对齐的图形；右侧是与像素网格对齐的图稿，可以清楚地看到水平和垂直路径上的差异。

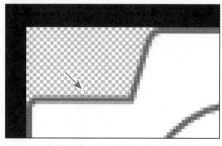 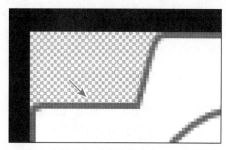

在导出为 PNG 之前没有对齐　　　　　　在导出为 PNG 之前对齐

图 3.39

2. 单击属性检查器中的 Lock Aspect（锁定宽高比）选项（🔒），以便 Width（宽度）和 Height（高度）按比例（一起）更改。将宽度（Width）更改为 25，然后按 Return 或 Enter 键接受更改，如图 3.40 所示。注意，机组的边框宽度在缩放时不会改变。

图 3.40

3. 双击组中的相机机身形状（而不是圆形）进行编辑。单击 Center Stroke（中心描边）选项（▮），将边框与相机主体路径的中间对齐，如图 3.41 所示。

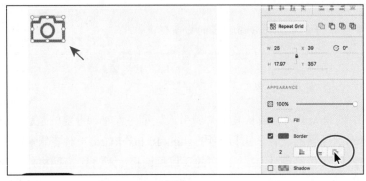

图 3.41

4. 单击灰色粘贴板的空白区域以取消全部选择。

 提示：内部或外部被描边的对象将恢复为开放路径的中心描边。

——@elainecchao

 注意：相机图标可能在外观上或多或少有些圆润，不过没关系。

3.4 使用 Pen（钢笔）工具

创建图稿的另一种方法是使用 Adobe XD 中的 Pen（钢笔）工具。使用"钢笔"工具，可以创建自由形式和更精确的图形并编辑现有形状。首先通过使用直线和曲线绘制作品来学习"钢笔"工具，然后学习如何使用钢笔和 Select（选择）工具编辑形状。

1. 选择 Select 工具后，在画板之外单击灰色粘贴板区域，以便可以在"图层"面板中看到所有画板。

2. 按 Command + 0（macOS）或 Ctrl + 0（Windows）组合键，以适应文档窗口中的所有设计内容。

接下来，打开一个现有文件并使用"钢笔"工具开始绘制一些图标。

3. 选择 File（文件）>Open（打开）（macOS）或单击应用程序窗口左上角的菜单图标（☰），然后选择 Open（Windows）。找到名为 Drawing.xd 的文件，该文件位于 Lessons> Lesson03 文件夹中。选择文件并单击 Open，结果如图 3.42 所示。

这份文件有 3 个需要创建的图标。使用为跟踪路径提供的模板，然后自行练习。

4. 双击"图层"面板中画板 Drawing start 左侧的画板图标（▢），使画板适合文档窗口。

5. 多次按 Command +"+"（macOS）或 Ctrl +"+"（Windows）组合键，以放大画板的空白区域。

不要忘记，要缩放到特定区域，还可以使用触控板进行捏合或按住 Option/Alt 键滚动鼠标滚轮。

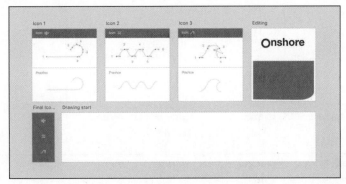

图 3.42

3.4.1 绘制直线

大家可能在 Illustrator 或 Photoshop 等其他应用程序中使用过"钢笔"工具。Adobe XD 中的"钢笔"工具与它们类似,但在 XD 中使用"钢笔"工具创建路径可能看起来更容易、更直观。下面使用 Adobe XD 中的"钢笔"工具绘制一个屋子形状的图标。

1. 在工具栏中选择"钢笔"工具( )。将指针放在画板的空白区域,单击以创建锚点,然后释放鼠标左键。将指针从刚刚创建的位置移开,无论指针移动到何处,都会看到一条连接第一个点和指针的线,如图 3.43 所示。这条线称为"钢笔"工具预览。

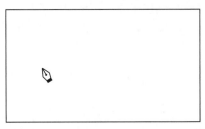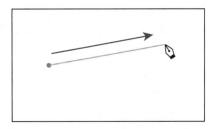

图 3.43

之后,当创建曲线路径时,它将使曲线路径的绘制变得更容易,因为可以对其进行预览。

2. 将指针放在第一个锚点上方。当指针与第一个点垂直对齐时,预览线将变为水蓝色以显示它已对齐,如图 3.44 所示。单击创建另一个锚点。

一条路径创建完成了。简单路径由两个锚点和一个连接锚点的线段组成。用户可以使用锚点来控制线段的方向、长度和曲线。

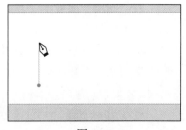

图 3.44

3. 继续单击以创建房屋形状,每次单击创建定位点时释放鼠标左键,结果如图 3.45 所示。

水蓝色的智能参考线在创建的锚点与现有锚点对齐时非常有用。注意,只有最后一个锚点被填充(不像其他锚点那样空洞),表明它已被选中。

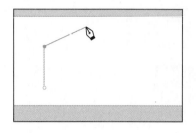 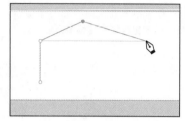 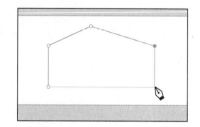

图 3.45

> **Xd** 提示：按字母 P 选择"钢笔"工具。

> **Xd** 注意：如果路径看起来弯曲，则表示您意外地拖动了"钢笔"工具；按 Command + Z（macOS）或 Ctrl + Z（Windows）组合键进行撤消，然后再次单击而不要拖动。

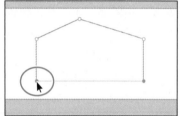

图 3.46

4. 单击创建的第一个锚点关闭路径并停止绘图，如图 3.46 所示。

关闭路径后，会自动选择 Select（选择）工具（▶）。接下来，将创建一条成为屋顶的路径。这将是一条开放的路径，而不是封闭路径。

5. 选择"钢笔"工具并将指针放在房屋的左上角。单击添加一个点。再次单击几次以创建屋顶，结果如图 3.47 所示。

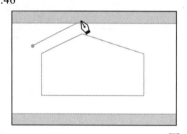 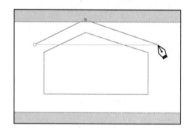

图 3.47

6. 按 Esc 键停止绘制路径，该路径也会自动切换到选择工具。

7. 按 Command + S（macOS）或 Ctrl + S（Windows）组合键保存文件，并保持 Drawing.xd 文档处于打开状态。

在方形画板打开的情况之下进行绘制

在网格开启的情况下绘制画板，意味着绘制的内容将捕捉到网格线，如图 3.48 所示。这可以使创建图标或其他矢量对象更加容易，更加精确。为了避免捕捉到网格，可以在拖动鼠标并绘制对象时，按 Command（macOS）或 Ctrl（Windows）键。

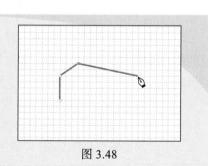

图 3.48

3.4.2 绘制曲线

使用"钢笔"工具除了可以创建直线路径，还可以绘制曲线，如
图 3.49 所示。

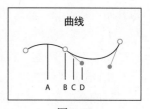

图 3.49
A. 线段　　B. 锚点
C. 方向线　D. 方向点

在绘制时，创建一条称为路径的线。路径由一个或多个直线段或曲
线段组成。每个部分的开始和结束都通过锚点标记。这些锚点的工作方
式类似于固定电线的引脚。路径可以是闭合的（例如，一个圆圈），也可
能是开放、具有不同端点的（例如，波浪线）。用户可以通过拖动其锚点
或方向线末端的方向点（方向点和方向线一起被称为方向手柄）来改变
路径的形状。

使用"钢笔"工具创建曲线可能会非常棘手，但通过一些练习，很
快就会变得熟练。接下来，将创建一条弯曲的路径。

1. 在 Drawing start 画板显示的情况下，选择工具栏中的"钢笔"工具（✐）。在画板的空白
   区域中，单击以创建锚点并释放鼠标左键。
2. 将指针从第一个点移开，按住并拖动以创建曲线，将方向点拖离锚点越远，路径就越
   弯曲。
3. 尝试按下鼠标左键并拖动，或单击几次以继续绘图，并测试曲线的工作方式，如图 3.50
   所示。

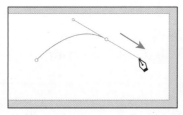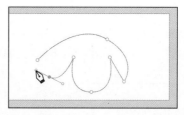

图 3.50

注意，如果按下鼠标左键并拖离某个点，就会出现方向手柄。方向手柄由终接于圆方向点的
方向线条组成。方向线的角度和长度决定曲线的形状和大小。当离开一个点时，有两个方向手柄，
一个在点之前，另一个在点之后。方向线默认一起移动，只在编辑路径时显示。

4. 按 Esc 键停止绘图。

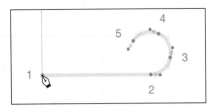

提示：按空格键访问 Hand（手形）工具，然后拖动文档窗口移至画板的空白区域。

注意：创建的路径不需要与图 3.50 中的一致。现在是您自己探索的时间了。

3.4.3　画图标：示例 1

接下来，将绘制几个图标的基本形状，会更精确地绘制曲线提供一些练习。首先将从跟踪模板开始创建形状，然后继续自行绘制。

1. 选择 Select（选择）工具（▶）后，在画板之外单击灰色粘贴板以取消全部选择。
2. 双击"图层"面板中 Icon 1 画板左侧的画板图标（▢），以使画板适合文档窗口。
3. 选择"钢笔"工具（✒）并单击标记为 1 的点，以创建定位点。

可能会出现一条浅绿色智能参考线，显示它正在尝试将创建的点与现有内容对齐。

4. 将指针移到第 2 点上，按住并从灰点拖动到蓝点，释放鼠标左键，结果如图 3.51 所示。

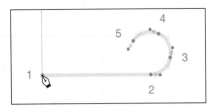

图 3.51

再一次拖动以创建方向手柄。这意味着创建的路径的下一部分将会弯曲。

5. 将指针移到点 3 上，按住并拖动到蓝点。当指针到达蓝点时释放鼠标左键，并且创建的路径跟随模板的灰色圆弧，如图 3.52 所示。

如果创建的路径与模板不完全对齐，则可以在使用"钢笔"工具进行绘制时编辑路径。

6. 将指针移到点 4 上，按住并向上拖动到蓝色圆点。
7. 将指针移到点 5 上，按住并向下拖动到蓝色圆点，如图 3.53 所示。

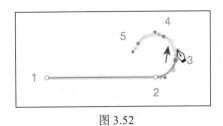

图 3.52

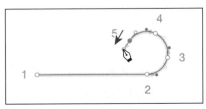

图 3.53

8. 按 Esc 键停止绘图并自动切换到 Select（选择）工具。

按 Esc 键退出 Path Drawing（路径绘图）模式并进入 Path Edit（路径编辑）模式。再次按 Esc
键退出路径编辑模式。

Xd 提示：指针与第一个点水平对齐时，会出现水平智能参考线。在从一个点向外拖动
时，按住 Shift 键可将方向线限制为 15°。

Xd 注意：拉长方向手柄会使曲线变陡峭；当方向手柄较短时，曲线较平坦。

9. 在属性检查器中将 Border（边框）更改为 3，然后按 Return 或 Enter 键，如图 3.54
   所示。

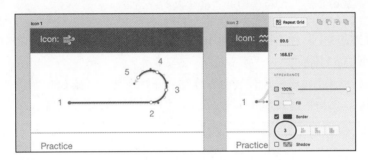

图 3.54

10. 选择 Select（选择）工具后，单击灰色粘贴板的空白区域以取消选择最后一个路径。

如果想在没有模板的情况下进行练习，可以尝试在标有 Practice（练习）的区域中的模板下方
追踪相同的形状。

3.4.4 画图标：示例 2

接下来，将使用"钢笔"工具绘制另一个图标的一部分。到目前为止，只需单击以创建锚点
即可开始绘制路径。在本节中，将通过拖出第一个锚点上的方向线开始产生一条路径。这允许在
该锚点处创建更"弯曲"的路径。

1. 双击"图层"面板中 Icon 2 画板左侧的画板图标（▢），以使
   画板适合文档窗口。

2. 在工具栏中选择"钢笔"工具（✎）。将指针移动到标记为 1
   的点上。向右拖动蓝色点，创建一个方向线，如图 3.55 所示。
   将方向手柄从第一个锚点拖出可以创建更"弯曲"的路径。

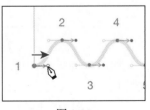

图 3.55

3. 将指针移到点 2 上，按住并向右拖动。开始拖动后，按住
   Shift 键将移动限制为 15° 的倍数。到达蓝点后，释放鼠标左
   键，然后释放 Shift 键以创建方向线，如图 3.56 所示。

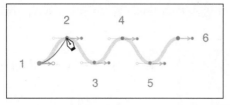 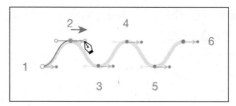

图 3.56

XD **提示：** 要继续绘制开放路径，选中"钢笔"工具，并当指针更改时（✎），单击或拖动端点。

XD **注意：** 如果在拖动之前按 Shift 键，则该点的位置限制为 45°。接下来，将创建一个没有方向线的角点，然后返回并将其更改为平滑点。

4. 将指针移到点 3 上。在不拖动鼠标的情况下，单击并释放鼠标左键，以创建没有方向线的角点，如图 3.57 所示。

5. 将指针移到点 4 上，然后按住并向右拖动。开始拖动后，按 Shift 键。当到达蓝点时，释放鼠标左键，然后再释放 Shift 键以创建一条方向线，如图 3.58 所示。

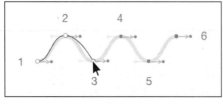 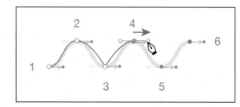

图 3.57   图 3.58

6. 将指针移动到定位点 3 上。当点变为蓝色并且指针改变（▶）时，双击将该点转换为带有可编辑方向手柄的平滑点，如图 3.59 所示。

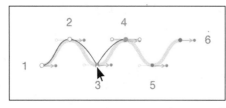 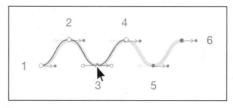

图 3.59

使用 Adobe XD 中的"钢笔"工具进行绘图时，始终可以在不切换工具的情况下编辑当前绘制的路径。

7. 将指针移到点 6 上（此时跳过点 5）。按住并向右拖动。在拖动时，按 Shift 键。当到达蓝点时，释放鼠标左键，然后再释放 Shift 键以创建一条方向线，如图 3.60 所示。

用户可以跳过第 5 点，以便可以在绘制时看到如何编辑路径。在现实世界中，用户会在第 6 点之前创建第 5 点。

8. 单击第 6 点的定位点以确保它已被选中。它已被选中，因为它是蓝色的。按 Delete 或 Backspace 键删除它。

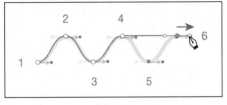

图 3.60

在仍然选择"钢笔"工具的情况下，在当前绘制的路径中选择定位点。例如，如果删除路径中间的锚点，则剩余的锚点将被连接。

9. 将鼠标指针移到第 5 点并向右拖动。在拖动时，按 Shift 键。当到达蓝点时，释放鼠标左键，然后再释放 Shift 键以创建一条方向线，如图 3.61 所示。

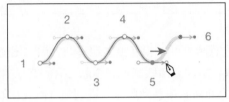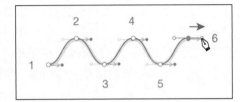

图 3.61

10. 将鼠标指针移到点 6 上并向右拖动。在拖动时，按 Shift 键，当到达蓝点时，释放鼠标左键，然后再释放 Shift 键以创建一条方向线。

11. 按 Esc 键停止绘图并自动切换到 Select（选择）工具。

12. 在属性检查器中将 Border（边框）更改为 3，按 Return 或 Enter 键。

13. 选择 Select 工具后，单击灰色粘贴板的空白区域以取消选择最后一个路径。

如果想在没有模板的情况下进行练习，则可以尝试在标有 Practice（练习）的区域中的模板下方追踪相同的形状。

3.4.5　画图标：示例 3

下面将创建的最后一个图标包括一个路径，其中一个锚点处的方向线是"分割"的。这意味着可以创建后面跟着直线路径的曲线。

1. 双击"图层"面板中名为 Icon 3 的画板左侧的画板图标（▢），以使画板适合文档窗口。

2. 在工具栏中选择"钢笔"工具（✐），将指针移到第 1 点，按住并向右拖动到蓝色圆点，创建一个方向线，如图 3.62 所示，释放鼠标左键。

3. 将鼠标指针移到点 2 上并向上拖动到蓝色点，创建一条方向线，如图 3.63 所示。

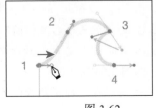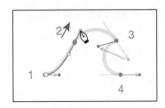

图 3.62　　　　　　　　　　　图 3.63

现在需要通过曲线来切换方向并创建另一条曲线。分割方向线上以将平滑点转换为角点。这涉及键盘修改器。

4. 将指针移到点 3 上并拖动到金色点以创建方向线，释放鼠标左键。

5. 按 Option（macOS）或 Alt（Windows）键并将方向线的末端拖到蓝点，如图 3.64 所示。

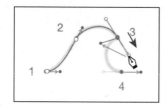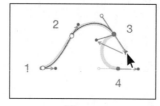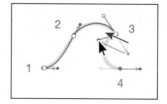

图 3.64

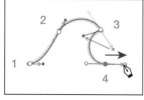

图 3.65

方向线现在分开，这意味着可以相互独立地移动它们。尾随方向线控制锚点之前的路径曲线，引导方向线则控制锚点之后的路径曲线。

6. 将鼠标指针移到点 4 上并向右拖动到蓝点，以创建方向线，如图 3.65 所示。

谈到平滑点（曲线）时，用户会发现我们花费大量时间专注于创建的锚点之前（之前）的路径段。请记住，默认情况下，一个点有两个方向线，上一个方向线控制前一个线段的形状。

7. 按 Esc 键停止绘图并自动切换到选择工具。

8. 在属性检查器中将 Border（边框）更改为 3，并按 Return 或 Enter 键。

9. 选择 Select 工具后，单击灰色粘贴板的空白区域以取消选择最后一个路径。

如果想在没有模板的情况下进行练习，则可以尝试在标有 Practice（练习）的区域中的模板下方追踪相同的形状。

10. 按 Command + S（macOS）或 Ctrl + S（Windows）组合键保存文件。

XD | 提示：要再次使手柄一起移动，可以双击角点锚点两次。

3.4.6　编辑图稿：示例 1

在 Adobe XD 中，可以在绘制矢量图形或创建图形后编辑形状和路径。在接下来的几节中，将重点了解如何使用 Path Edit（路径编辑）模式编辑形状。

1. 双击"图层"面板中 Editing 画板左侧的画板图标（▯），以使画板适合文档窗口。

2. 在属性检查器的 Grid（网格）选项中选择 Square（方形），以打开方形的画板网格。将网格大小更改为 2，然后按 Return 或 Enter 键接受该值，如图 3.66 所示。

此时正在打开网格，以便通过捕捉将点对齐到网格。用户也可以在不显示画板网格的情况下编辑形状和路径，但锚点不会捕捉到网格。

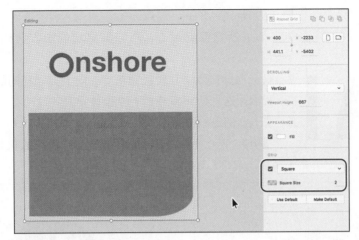

图 3.66

3. 选择 Select（选择）工具（▶）后，单击以选择 nshore 形状左侧的圆圈，如图 3.67 所示。双击圆圈进入 Path Edit（路径编辑）模式。

使用 Select（选择）工具选择对象，可以移动和变换整个形状。双击对象进入 Path Edit（路径编辑）模式。该模式允许对对象的锚点进行编辑。此时，可以选择现有的锚点、编辑或删除它们并添加新的锚点，但无法移动或变换整个形状。

4. 按 Command + 3（macOS）或 Ctrl + 3（Windows）组合键，以放大所选对象。按几次 Command + "–"（macOS）或 Ctrl + "–"（Windows）组合键缩小视图。

图 3.67

Xd 注意：如果没有看到"图层"面板中列出的所有画板，也可以按 Command + Shift + A（macOS）或 Ctrl + Shift + A（Windows）组合键取消全部选择。

5. 将指针移到路径上，如图 3.68 所示。当出现"钢笔"工具图标（✏）时，单击以创建新的锚点并释放鼠标左键。拖动定位点，使其对齐到画板网格。

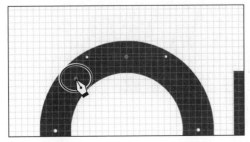
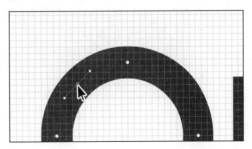

图 3.68

6. 将指针移到同一形状的右侧，然后单击以设置另一个与刚创建的锚点视觉对齐的锚点，如

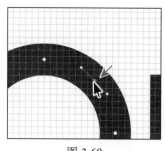

图 3.69 所示。

图 3.69

如果新点没有对齐，可以调整它们的方向线或在必要时移动它们。

7. 双击顶部锚点将其转换为角点。向上拖动相同的锚点，如图 3.70 所示。这只是 logo 中的一个设计元素。

8. 按 Esc 键退出路径编辑模式。

此时，锚点不可见，无法编辑它们；只有形状的边界框可见。

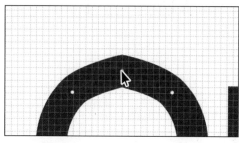
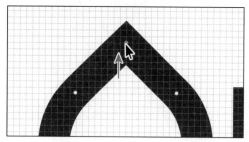

图 3.70

9. 在属性检查器中将 Border（边框）值更改为 14，然后按 Return 或 Enter 键。

10. 按 Command +'（macOS）或 Ctrl +'（Windows）组合键关闭画板的网格。

11. 按 Esc 键取消选择路径。

3.4.7 编辑图稿：示例 2

接下来，将使用"路径编辑"模式编辑现有形状，并详细了解如何使用平滑点的方向线。

1. 双击"图层"面板中 Editing 画板左侧的画板 Icons 画板图标（▢），以使画板适合文档窗口。

2. 选择 Select（选择）工具（▶）后，双击编辑画板上的灰色形状以进入路径编辑模式。

3. 向下拖动矩形的右上角定位点。当定位点与相同形状的右下角定位点水平对齐时，矩形右侧将显示浅绿色智能参考线，如图 3.71 所示。

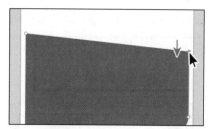

图 3.71

4. 双击同一个的锚点将其转换为平滑点。

现在定位点有两条方向线。此前，学习了如何分割这些方向线以创建角点。接下来，将学习如何删除其中一条方向线，并查看其效果。

5. 单击方向线的末端将其选中，如图 3.72 所示。按 Delete 或 Backspace 键删除它。

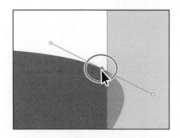 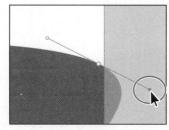 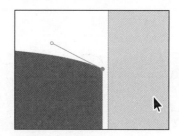

图 3.72

6. 将另一个（剩余的）方向线的末端向下拖动，使其大致呈水平状态，如图 3.73 所示。

图 3.73

7. 将指针放在形状的顶部边缘上方，位于所选定位点的左侧，然后单击以添加另一个定位点，如图 3.74 所示。

 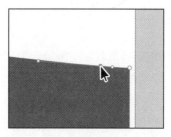

图 3.74

8. 将方向线向上拖动到锚点的左侧，如图 3.75 所示。

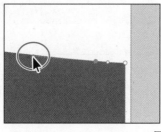 

图 3.75

9. 单击所选定位点右侧的方向线末端，然后按 Delete 或 Backspace 键将其删除，如图 3.76 所示。用户可能需要稍微放大界面，以便进行下一步操作。

10. 将定位点稍微向下拖动，直到其与锚点向右水平对齐，如图 3.77 所示。

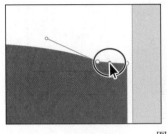 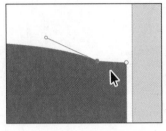 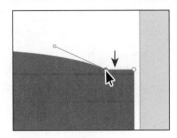

图 3.76 图 3.77

当定位点捕捉到锚点时，一条浅绿色水平智能参考线会出现。

Xd 提示：拖动时按 Command（macOS）或 Ctrl（Windows）键可禁用点捕捉。

11. 单击形状底部边缘上的定位点，然后按 Delete 或 Backspace 键将其移除，如图 3.78 所示。

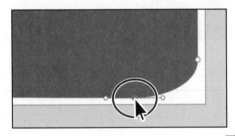 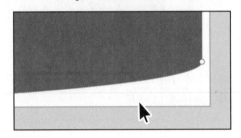

图 3.78

在打开或关闭的路径（形状）上删除定位点时，路径会重新连接最近的两个定位点。

12. 双击形状右下角的定位点以转换为角点。向下拖动锚点，直到在形状的底部和右侧看到水平和垂直水平智能参考线，如图 3.79 所示。

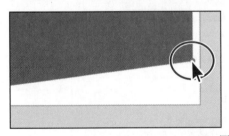 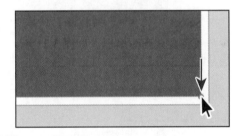

图 3.79

13. 按两次 Esc 键，其中一次退出路径编辑模式，另一次退出选择形状。用户也可以简单地单击灰色区域中的画板以取消选择。

3.4.8 在文档间复制内容

现在已经编辑了一些形状，从当前打开的文档复制并粘贴一系列完成的图标到已打开的 App_

Design.xd 文档中。

1. 按 Command + 0（macOS）或 Ctrl + 0（Windows）组合键查看所有设计内容。

2. 选中 Select（选择）工具（▶）后，拖动文字 Onshore 和矩形形状以选择内容。

3. 将所选内容拖动到 Final Icons 画板上的图标（见图 3.80）。确保拖动的内容不会与课程中之前绘制的任何内容重叠。

我们需要将所选内容和最终图标复制并粘贴到 App_Design.xd 文档中。将它们靠得更近，以便更容易地选择和复制它们。

 注意： 对于深灰色的形状，可能智能参考线更难以分清楚。在编辑之前，可以用较浅的颜色填充形状，然后稍后将填充返回到第一个深灰色。

4. 拖动 Final Icons 画板内容、Onshore 文本和矩形形状以选择所有内容（而不是画板），如图 3.81 所示。

图 3.80

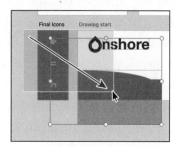

图 3.81

确保不要选择画板！如果拖得太远，则会选择画板。

5. 按 Command + C（macOS）或 Ctrl + C（Windows）组合键复制所选内容。

6. 选择 File（文件）>Close（关闭）（macOS）或单击应用程序窗口右上角的 X（Windows）以关闭 Drawing.xd 文档，单击保存。

7. 在显示 App_Design.xd 文档的情况下，按 Command + 0（macOS）或 Ctrl + 0（Windows）组合键查看所有画板。

8. 单击空白区域，远离画板，取消选择。

9. 按 Command + V（macOS）或 Ctrl + V（Windows）组合键粘贴对象。因为没有选择画板，所以将对象粘贴在文档窗口的中央。

10. 粘贴对象仍处于选中状态时，将指针移到其中一个对象上并将它们拖到名为 iPad - Spots 的画板左侧，如图 3.82 所示。

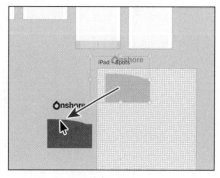

图 3.82

11. 选择 File（文件）>Save（保存）（macOS），或在 Windows 上单击菜单图标（≡）在应用

程序窗口的左上角，然后选择 Save。

3.5　使用 UI 套件

在 Adobe XD 中，可以访问 Apple iOS、Microsoft Windows、Google Material（Android）和 Wireframes 的一系列 UI（用户界面）套件。在为不同的设备接口和平台进行设计时，UI 套件和线框可以节省时间，UI 套件的 XD 文件包含常用设计元素，如图标、键盘布局、导航栏、输入、按钮等。用户可以使用 UI 套件作为起点，或将元素复制并粘贴到设计中。这些资源可以帮助用户创建与特定设计语言（如 iOS）相匹配的设计。

3.5.1　下载 UI 套件

在本节中，将从 Apple 网站下载并解压缩 UI 套件。然后，将从下载的文件中打开一个 XD 文件，并将几个元素复制到设计中。

1. 选择 File（文件）> Get UI Kits（获取 UI 套件）> Apple iOS（macOS），或者在 Windows 上，单击应用程序窗口左上角的菜单图标（☰），然后选择 Get UI Kits（获取 UI 套件）> Apple iOS。
菜单中列出的 UI 套件是指向可从中下载的网站的链接。通过选择 Apple iOS，Apple 开发人员网站将在用户的默认浏览器中打开，下载专门用于 Adobe XD 的 UI 套件。

2. 在默认浏览器中打开的网页上，单击 Download for Adobe XD。接受协议后，将压缩文件下载到计算机中，如图 3.83 所示。

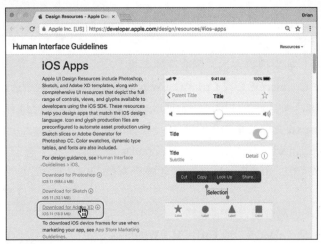

图 3.83

3. 关闭浏览器。

注意： 如果无法在 Apple 网站上找到或访问 Adobe XD 文件，则可以在 XD 中打开 UI_kit_content.xd 文档，它位于 Lessons > Lesson03 文件夹中。然后可以按下 Command + A（macOS）或 Ctrl + A（Windows）组合键来选择文档中的所有内容，将其复制并粘贴到仍处于打开状态的 App_Design.xd 文件中。

4. 找到下载的 ZIP 文件，并将内容解压缩到硬盘上的某个位置。安装 .zip 文件中提供的 San Francisco Pro 字体（仅适用于 macOS）。

在名为 iOS-11-AdobeXD 的解压缩文件夹中，将找到一个名为 San Francisco Pro 字体的文件夹，其中包含一个安装包。刚刚下载的 XD 文件中的设计内容使用旧金山字体（San Francisco Pro）。

3.5.2 打开 UI 套件

UI 套件下载后，解压缩并安装 San Francisco Pro 字体（仅适用于 macOS），打开其中一个下载的文件并将内容复制到 App_Design.xd 文档中。

1. 返回到 Adobe XD，选择 File（文件）>Open（打开）（macOS）或单击应用程序窗口左上角的菜单图标（≡），然后选择打开（Windows）。导航到下载并解压缩的 iOS-11-AdobeXD 文件夹。打开 "UI Elements+Design Templates+Guides" 文件夹中的 UIElements + DesignTemplates + Guides.xd 文件。

 注意：*如果在应用程序窗口的底部看到有关丢失字体的消息，可以单击消息右侧的 X（关闭）按钮关闭它。*

2. 按 Command + 0（macOS）或 Ctrl + 0（Windows）组合键查看所有内容。

该文件包含可在设计、UI 元素、模板等中使用的 iOS 11（在本例中）的系统颜色。

3. 在左侧的 "图层" 面板中，单击 UI Elements - Bars 画板名称进行选择。按 Command + 3（macOS）或 Ctrl + 3（Windows）组合键可放大画板。

4. 拖动左上角画板上的两个状态栏以选择它们，一个是黑色的，另一个是白色的。右键单击所选内容并选择 Copy（复制）以复制状态栏，如图 3.84 所示。

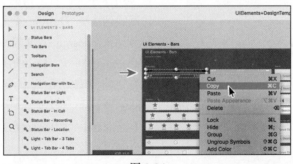

图 3.84

5. 选择 Window（窗口）>App_Design（macOS）或按 Alt + Tab（Windows）组合键切换到 App_Design.xd 文档。

 注意：*如果在 Windows 上，或者未安装旧金山字体，则可能仍会继续。当打开使用这些 UI 套件中的内容的文件时，很可能会继续看到缺少的字体警告。*

6. 返回到 App_Design.xd 文档中，单击名为 Login 的画板，然后按 Command + 3（macOS）或 Ctrl + 3（Windows）组合键将文件板放入文档窗口中。

7. 按 Command + V（macOS）或 Ctrl + V（Windows）组合键将状态栏粘贴到画板上，将它们拖到图 3.85 中的位置。

8. 选择 Window（窗口）> UIElements + DesignTemplates + Guides（macOS）或按 Alt + Tab（Windows），切换到 UIElements + DesignTemplates + Guides.xd 文档。

9. 按 Command + 0（macOS）或 Ctrl + 0（Windows）组合键查看所有内容。

10. 双击名为 UI Elements - System 的画板上的键盘（它位于包含刚刚选择和复制的状态栏的画板下方），如图 3.86 所示。按 Command + C（macOS）或 Ctrl + C（Windows）组合键将其复制。

图 3.85

图 3.86

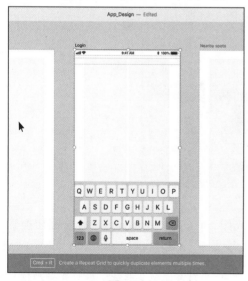

图 3.87

11. 选择 File（文件）>Close（关闭）（macOS）或单击应用程序窗口右上角的 X（Windows）关闭文件并返回到 App_Design.xd 文档。

12. 回到 App_Design.xd 文档中名"Login 的画板上，按 Command + V（macOS）或 Ctrl + V（Windows）组合键将键盘粘贴到画板上。将其拖动到图 3.87 中的位置。

13. 按 Command + S（macOS）或 Ctrl + S（Windows）组合键保存文件。

14. 如果打算跳到下一课学习，可以打开 App_Design.xd 文件。否则，对于每个打开的文档，选择 File（文件）>Close（关闭）（macOS）或单击右上角的 X（Windows）。

Xd 注意：图 3.87 显示了一个稍微放大的版本。如果缩得太小，则可能看不到圆角小部件。

3.6 复习题

1. 什么是路径编辑模式?
2. 描述如何将多个形状合并为一个。
3. 描述如何使用"钢笔"工具（⌀）绘制垂直、水平或对角线的直线。
4. 如何使用"钢笔"工具绘制曲线路径?
5. 如何将曲线上的平滑点转换为角点?
6. 什么是 UI 套件?

3.7 复习题答案

1. 路径编辑模式是当形状定位点可见时，但移动鼠标指针不会绘制任何东西。在路径编辑模式下，可以编辑或删除现有的定位点或添加新的定位点。
2. 为了将多个形状组合成一个形状，可以选择形状，然后应用属性检查器中的某个组合选项，从重叠对象中创建新形状。
3. 要绘制直线，使用"钢笔"工具（⌀）单击，然后移动指针并再次单击。第一次单击设置起始锚点，第二次单击设置线段的结束锚点。要垂直、水平或沿着 45° 对角线限制直线，则在单击时使用 Shift 键以使用"钢笔"工具创建第二个锚点。
4. 要使用"钢笔"工具绘制曲线路径，则单击以创建起始锚点并释放鼠标左键。将鼠标指针移至画板的另一部分，拖动以设置曲线的方向，然后释放鼠标左键以结束曲线。
5. 要将曲线上的平滑点转换为角点（反之亦然），则使用 Select（选择）工具（▶）双击该形状或路径以进入路径编辑模式。随着所选作品上显示的定位点，双击定位点将其转换为相反类型。如果它目前是平滑的，它将变成角点，反之亦然。
6. UI 套件是一个或多个文件，其中包含特定于操作系统的资源，如用户界面元素（按钮、图标等），可帮助用户设计与 iOS 等设计语言相匹配的应用程序（或网站）。

第4课　增加图像和文本

课程概述

本课介绍的内容包括：

- 导入图像；
- 变换图像；
- 从其他应用程序中引入内容；
- 掩码内容；
- 添加文本；
- 格式化文本。

本课程大约需要 45 分钟完成。开始之前，请先将本书的课程资源下载到本地硬盘中，并进行解压。在学习本课时，将覆盖相应的课程文件。建议先做好原始课程文件的备份工作，以免后期用到这些原始文件时，还需重新下载。

　　在 Adobe XD 中，图像和文本在设计
中具有重要作用。本课将介绍如何导入和
变换图像，以及添加和格式化文本。

4.1　开始课程

在本课中，将把光栅图像和文本添加到应用设计中。首先，打开一个课程完成文件，以了解将在本课中创建的内容。

1. 打开 Adobe XD CC。
2. 在 macOS 上，选择 File（文件）>Open（打开），或者如果"开始"屏幕没有打开任何文件，则单击"开始"屏幕中的 Open 按钮。在 Windows 上，单击应用程序窗口左上角的菜单图标（☰）并选择 Open，或者如果在没有文件打开的情况下，则单击"开始"屏幕中的 Open 按钮。打开名为 L4_end.xd 的文件，该文件位于 Lessons> Lesson04 文件夹中。
3. 如果在应用程序窗口的底部看到有关丢失字体的消息，可以单击消息右侧的 X 关闭它。
4. 按 Command + 0（macOS）或 Ctrl + 0（Windows）组合键查看所有设计内容，如图 4.1 所示。

图 4.1

这个文件只是为了展示在本课结束时创建的内容。

4.2　资源和 Adobe XD

在第 3 课中，学习了如何创建和编辑矢量图形。在本课中，将了解可以导入到 Adobe XD 中不同类型的资源，从 Illustrator、Photoshop 和 Sketch 等程序中引入它们的不同方法，以及如何使用它们以适应设计。

说到图像，Adobe XD 支持 PNG、GIF、SVG、JPG 和 TIFF 图像。在 Adobe XD 中，导入的图像（包括栅格和矢量）都嵌入在 XD 文件中，因为默认情况下没有图像链接工作流，正如用户在 Adobe InDesign 中看到的那样。

调整 Adobe XD 的光栅图像大小

如果使用默认的画板大小（1x）进行设计，则需要注意导入到设计中的光栅图像（JPG、GIF、PNG）的大小。如果稍后需要为网站或应用程序导出适用于生产的资源，则上述尺寸尤其重要。

在将它们导入到 XD 之前，最好在 Adobe Photoshop 等程序中编辑光栅图像，使其成为需要的最大尺寸。例如在创建网站图片的情况下，如果图片跨越 1920×1080 像素的画板的整个宽度，则需要确保图片的宽度为 3840 像素（是 XD 中预期用途宽度的两倍）。每次需要图像时都要注意避免导入过大的图像，因为较大的文件会减慢加载时间。

如果用户正在为 iOS 并且在 1x 下设计，那么需要确保导入的任何栅格图像的缩放比例都是 3 倍（是它们在 Adobe XD 设计中大小的 3 倍），而对于 Android 则是 400%（或 4 倍）。

4.2.1 导入资源

在 Adobe XD 中，有几种方法可以将资源添加到项目中。在本节中，将使用"导入"（Import）命令将少量资源导入到设计中。

1. 选择 File（文件）>Open（打开）（macOS）或单击应用程序窗口左上角的菜单图标（≡），然后选择打开（Windows）。打开 Lessons 文件夹（或其他保存它的位置）中的 App_Design.xd 文档。

2. 按 Command + 0（macOS）或 Ctrl + 0（Windows）组合键查看所有内容。

3. 在文档窗口中单击 Home 画板，如图 4.2 所示。

4. 选择 File（文件）>Import（导入）（macOS）或单击应用程序窗口左上角的菜单图标（≡），然后选择 Import（Windows）。浏览 Lessons> Lesson04> 图像文件夹，单击选择名为 home.jpg 的图片，单击 Import。

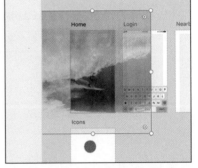

图 4.2

导入到 Adobe XD 的 JPEG 图像被设置为一半尺寸（宽高像素各半）。这意味着 400×400 像素的 JPEG 将被设置为 200×200 像素。图像放置在所选画板的中央，并且大于画板。任何超出画板边界的图像内容都是隐藏的。选择图像后，XD 会将遮罩的内容显示为半透明，以便预览隐藏的内容。

Xd **注意：** 如果要使用"前言"中描述的"跳读"方法从头开始，则从 Lessons> Lesson04 文件夹中打开 L4_start.xd。

5. 选择 Select（选择）工具（▶）后，拖动图像直到顶边与画板的顶边对齐，并确保它仍然位于画板的中心（垂直的水蓝色智能参考线将在居中时出现）。

6. 拖动图像的底部中间手柄直到图像与画板一样高。通过拖动调整大小时，光栅图像的比例将保持不变，如图 4.3 所示。

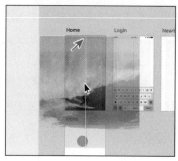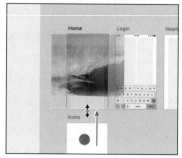

图 4.3

7. 单击图像，在文档窗口的空白区域中取消选择它。现在应该看到，位于画板边界之外的图像内容是隐藏的。

8. 在名为 Nearby spots 的画板上单击以选中它。

接下来，将放置一个 SVG 文件和一个栅格 PNG。

9. 选择 File（文件）>Import（导入）（macOS）或单击应用程序窗口左上角的菜单图标（≡），然后选择 Import（Windows）。导航到 Lessons> Lesson04>images 文件夹。单击选择名为 ocean_masked.png 的图像，然后按住 Command 键（macOS）或按住 Ctrl 键单击（Windows）名为 tide.svg 的图像。单击 Import，结果如图 4.4 所示。

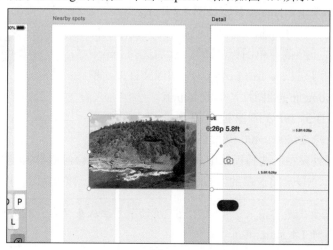

图 4.4

两个图像在文档窗口中连续排列成一行。

> **Xd** **注意：** 如果要导出 home.jpg 图像（而不是整个画板），则最终资源不会像在画板上取消选择图像时看到的那样裁剪。第 10 课将介绍导出信息。

> **Xd** **注意：** 在第 7 课中创建重复网格时，ocean_masked.png 图像只是一个占位符图像。

10. 单击远离选定图像的空白区域以取消选择它们。将 ocean_masked.png 图像拖放到 Nearby spots 画板的中心（如有必要），并将 tide.svg 图像拖到 Detail 画板上。

用户可能希望将第 3 课中创建的相机图标和蓝色按钮形状向下移开。图 4.5 显示它们处于不同的位置。

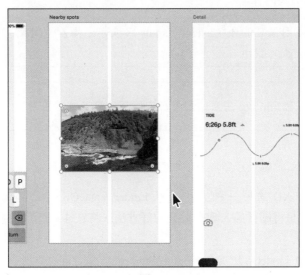

图 4.5

11. 选择 Select（选择）工具后，单击画板外的灰色粘贴板以取消全部选择。

12. 在"图层"面板（Command＋Y [macOS]）或 Ctrl＋Y [Window]）中，单击 Home 图层的名称。按 Command（macOS）或 Ctrl（Windows）键并选择 Login、Nearby spots、Detail 和 Instructor detail-Dann 画板以全部选择它们。

13. 在属性检查器中将 Margin Right（右边距）和 Margin Left（左边距）值更改为 20。在输入最后一个数值后按 Return 或 Enter 键。用户可能需要调整 Gutter Width（装订线宽度）和 Column Width（列宽）值，以获得各 20 的左右边距，如图 4.6 所示。

图 4.6

14. 取消选择属性检查器中的 Grid（网格）选项，以暂时关闭所选画板的网格，如图 4.7 所示。

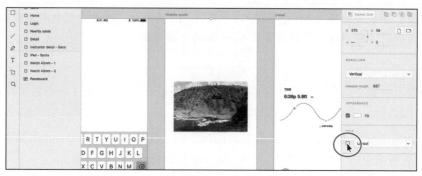

图 4.7

关闭网格将更容易关注内容。

> **Xd** **注意**：tide.svg 图像可能会被 Nearby spots 画板部分掩盖（隐藏），可能需要放大以便更清楚地看到它。

> **Xd** **注意**：为了拖动 tide.svg 图像，需要在不透明的位置进行拖动。

4.2.2 通过拖拽导入资源

将资源引入 Adobe XD 的另一种方法是从 Finder（macOS）或 Windows 文件资源管理器（Windows）中拖放。这是将图像插入现有框架的好方法（将在 4.3.3 节中讲到），或者把它作为一种更精确的放置选项。

1. 按 Command + 0（macOS）或 Ctrl + 0（Windows）组合键查看所有画板。

2. 选择 Select（选择）工具（▶）后，单击画板外的空白区域以取消全部选择。

3. 转到 Finder（macOS）或 Windows 资源管理器（Windows），打开 Lessons> Lesson04> images 文件夹，并保持文件夹处于打开状态。回到 XD，单击名为 beach.jpg 的图片。

beach.jpg 图片的尺寸为 1300 × 1135 像素。正如前文所提到的，导入的 JPEG 文件的大小是原来的一半。

4. 按住 Command（macOS）或 Ctrl（Windows）键并单击名为 dann.png 的图像以选择两个图像。释放按键并将其中的任意一个图像拖放到 XD 中，就在 watch 画板上方名为 Instructor Detail - Dann 的画板右侧，如图 4.8 所示。

两张图像在粘贴板上并排相邻放置。如果要在画板上释放鼠标左键，则任何与画板接触的图像都将放置在该画板上（图 4.9 中的箭头指向的是 Dann 图像放置在第二块 watch 画板上的图形）。如果放置的图像不与第一个画板重叠，则其将放置在右侧的下一个画板上，以此类推，直到完成所有需拖动的图像。不与画板重叠的图像将放置在空白的粘贴板上。

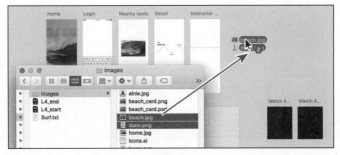

图 4.8

5. 如果需要，则单击 Adobe XD 再次将其作为焦点。

  注意：图像似乎消失了，这是因为它放在了其中一个 watch 画板上，并且它的绝大部分可能被隐藏了。

6. 将海滩图像拖到名为 Nearby spots 的画板上，如图 4.10 所示。

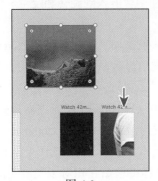

图 4.9

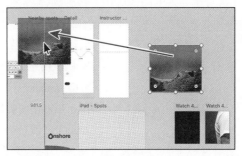

图 4.10

与放置的第一张图像一样，图像由画板裁剪。在 4.2.3 节中，将调整图像大小并重新定位，因此将其保留在现在的位置。

7. 单击 Dann 的图像进行选择。在属性检查器中，单击以选中锁定比例图标（🔒），以便在必要时将宽度和高度一起更改。选择 W（宽度）值，然后输入 375，如图 4.11 所示。按 Return 或 Enter 键将图像缩放到要拖到其上的画板的宽度。

除了拖动调整图像大小，这是另一种调整大小的方法。

8. 拖动 Dann 的图像，使顶部捕捉到 Instructor detail - Dann 画板的顶部，并且它也与画板中间对齐。当图像在画板中居中时，将出现垂直水蓝色智能参考线，如图 4.12 所示。

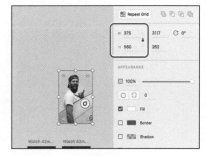

图 4.11

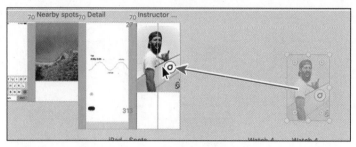

图 4.12

Xd 提示：在拖动图像时，可以按 Command（macOS）或 Ctrl（Windows）键以暂时关闭对画板边缘和其他对象的对齐。

4.2.3 转换图像

导入 Adobe XD 的图像可以通过多种方式进行转换——从缩放和四舍五入到旋转和定位。在本节中，将对所导入的图像应用一些转换。

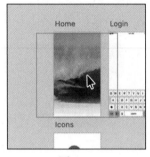

图 4.13

1. Select（选择）工具（▶）仍处于选中状态时，将指针移到 Home 画板上的图像上；这时会出现蓝色的突出显示，指示图像的大小，如图 4.13 所示。单击选择图像。

2. 按 Command + C（macOS）或 Ctrl + C（Windows）组合键将其复制。单击 Login 画板的空白区域，使其成为活动画板。按 Command + V（macOS）或 Ctrl + V（Windows）组合键将其粘贴，结果如图 4.14 所示。

   从一个画板复制到另一个画板的内容将粘贴在相对于左上角的相同位置。在第 5 课中，用户将看到如何安排内容，并使用分层工具在第 3 课中从 iOS UI 套件粘贴的内容背后获取新图像。

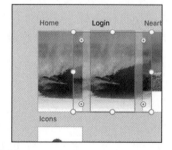

图 4.14

3. 单击名为 Nearby spots 的画板上的海滩图像。

4. 按 Command + 3（macOS）或 Ctrl + 3（Windows）组合键放大所选内容。按几次 Command + "-"（macOS）或 Ctrl + "-"（Windows）组合键进行缩小。

注意图像角落的角落小部件。与绘制的矢量形状一样，也可以在图像上或属性检查器中四舍五入。有关圆角的更多信息，请参阅 3.3.3 节。

5. 拖动图像以重新定位它。请注意，拖动时，如果图像的边缘接近画板边缘，则会发生对齐。在拖动时，按 Command（macOS）或 Ctrl（Windows）键暂时关闭对齐。如图 4.15 所示放置图像。释放鼠标左键，然后释放按键。

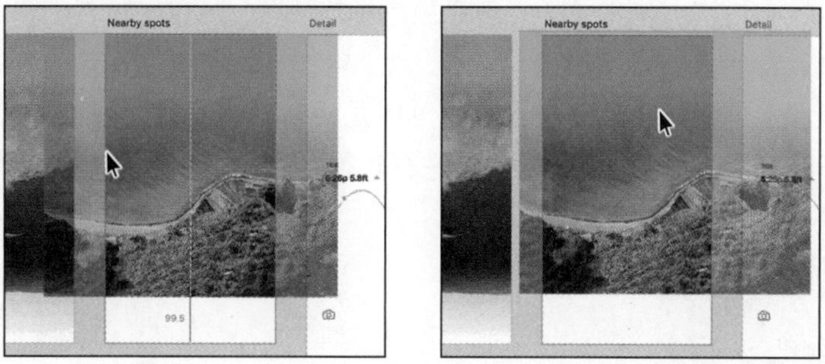

图 4.15

随着图像的到位，接下来将继续通过缩放和旋转进行转换。用户可能需要进一步放大图像。

提示：在画板之间按住 Option（macOS）或 Alt（Windows）键拖动，但需要使其与副本完全相同。

6. 将图像的右下角拖向其中心以使其更小。确保它仍然比画板宽一点，如图 4.16 所示。
7. 将指针移到所选图像的任何一个角落。出现旋转箭头（↰）时，顺时针拖动以稍微旋转图像。确保图像仍然覆盖画板的顶部。用户可能需要通过拖动来重新定位图像，就像在图 4.17 中看到的一样。

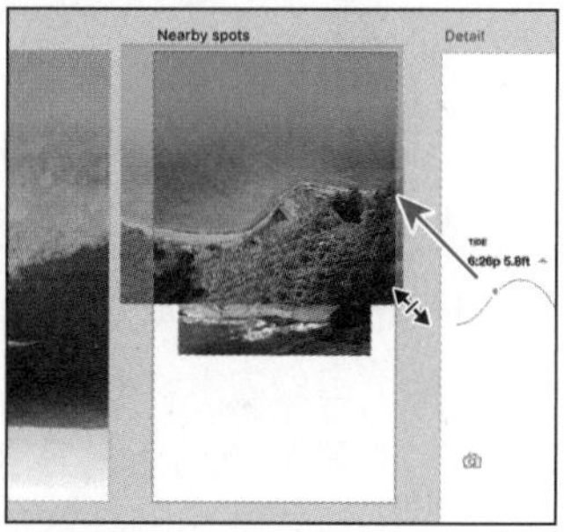

图 4.16

在旋转时，Rotation（旋转）值将在属性检查器中更改。还可以在属性检查器中编辑 Rotation（旋转）值以旋转对象。

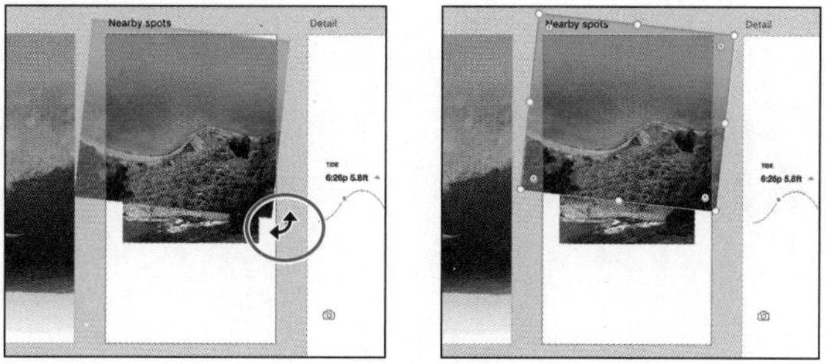

图 4.17

8. 暂时将位于海洋图像下方的 ocean_masked.png 图像拖动到画板的灰色粘贴板上，如图 4.18 所示。

9. 按 Command + 0（macOS）或 Ctrl + 0（Windows）组合键查看所有内容。

Xd 提示：旋转图像时，按住 Shift 键并拖动以将旋转角度限制为 15°。

Xd 提示：要重置旋转，则在属性检查器中将 Rotation（旋转）值更改为 0。

10. 单击在第 3 课中创建的灰色矢量形状（见图 4.19）。单击属性检查器中的 Fill（随着图像的到位），接下来将继续通过缩放和旋转进行转换。用户可能需要进一步放大图像。

图 4.18

图 4.19

填充颜色框并将颜色更改为白色。

11. 将该形状拖放到 Nearby spots 画板上海洋图像的顶部，覆盖图像的最底部，如图 4.19 所示。

12. 单击名为 Instructor Detail - Dann 的画板上 Dann 的图像将其选中。如果属性检查器中的 X 值和 Y 值还未设为 0，则将它们更改为 0，如图 4.20 所示。在输入上一个值并应用后，按 Return 或 Enter 键以应用它。

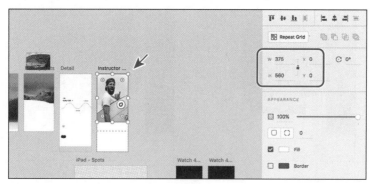
图 4.20

X（水平）值和Y（垂直）值分别从每个画板左上角的零（0）开始。在此案例中，图像等内容位于相对于画板左上角的左上角。使用X值和Y值可以更精确地定位内容。

4.2.4　重新调整图像形状

接下来，通过编辑锚点来裁剪海洋图像形状的一部分。这可以很容易地隐藏不想显示的图像部分或以不同方式更改图像帧的形状。

1. 按Z选择Zoom（缩放）工具，拖动Nearby画板顶部的海洋图像以放大。
2. 按V选择Select（选择）工具，然后双击Nearby spots画板顶部的同一海洋图像，以显示定位点。

与处理矢量形状和路径类似，双击图像将进入"路径编辑"模式，可以在其中查看和编辑图像框架形状的各个锚点。

3. 在图像底部的两个锚点周围拖出一个矩形以选择它们，如图4.21所示。

由于当前处于路径编辑模式，因此图像与文档的其余部分分离，并且拖动不会选择文档中的其他任何内容。

4. 向上拖动其中一个定位点，并确保它位于画板的右边缘，以调整形状大小并隐藏图像底部，如图4.22所示。

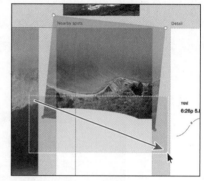

图 4.21

图 4.22

图像将始终保持在形状的中心，并将调整大小以按比例填充形状。通过在路径编辑模式下显示锚点，可以双击其中一个在平滑和转角之间转换，直接在形状的边缘单击以添加锚点，甚至选择锚点并删除它们以更改形状。

5. 按Esc键停止编辑定位点并再次显示图像的边界框，确保图像覆盖画板的顶部。如果不是，则拖动以重新定位它，如图4.23所示。

先前在图像角落中看到的转角半径小部件现在不见了。编辑图像填充的形状时，不能再编辑转角的转角半径。

图 4.23

6. 选择 File（文件）>Save（保存）(macOS) 或单击应用程序窗口左上角的菜单图标（☰），然后选择 Save (Windows)。

Xd | 提示：按住 Shift 键单击一系列定位点，以选择多个定位点。

4.2.5 替换图像

如果需要替换设计中的图像，可以将图像从桌面拖动到现有图像上进行替换。接下来，将在设计中替换海洋图像的副本。

1. 单击选中名称为 Nearby Spots 的画板顶部的海洋图像。
2. 右键单击图像，然后从出现的菜单中选择 Copy（复制）。右键单击名为 Detail 的画板，然后选择 Paste（粘贴）将其粘贴到与原始画板相同的 Detail 画板上的相对位置，如图 4.24 所示。

图 4.24

粘贴的图像仍将反映应用于原始图像的转换，包括裁剪、缩放和旋转。用户可以将 Adobe XD 中的图像视为形状的填充。

3. 按 Command + 0（masOS）或 Ctrl + 0（Windows）组合键查看所有内容。
4. 转到 Finder（macOS）或 Windows 资源管理器（Windows），打开 Lessons> Lesson04> images 文件夹，并在 Finder 窗口（macOS）或 Windows 资源管理器（Windows）中保持打开文件夹。返回到 XD。在 XD 和文件夹显示的情况下，单击名为 home.jpg 的图像。将该图像拖放到 Detail 画板上的海洋图像顶部。当出现蓝色的突出显示时，释放鼠标左键以替换图像，如图 4.25 所示。

图像将按比例填充形状。这意味着如果要替换的图像大于或小于要拖入的图像，则会缩放图像。

Xd | 提示：如果使用键盘命令或菜单项（macOS）进行复制和粘贴，并且要粘贴到特定的画板上，则单击画板的空白区域或将其选中，使其在粘贴前成为活动画板。

---

5. 选择图像后，将属性检查器中 Rotation（旋转）更改为 0 以删除旋转，如图 4.26 所示。

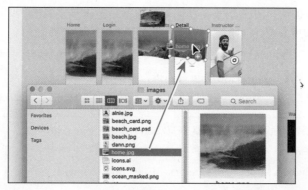

图 4.25

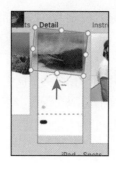  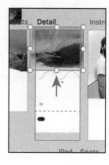

图 4.26

4.2.6　引入来自 Illustrator 的内容

将 Illustrator 中的内容带入 Adobe XD 有几种方法：复制和粘贴、从 Illustrator 中导出并导入到 XD 中、从 Illustrator 中拖放到 XD 中。注意，目前无法将原始 Illustrator 文件（.AI 文件）导入 Adobe XD。在本节中，将看到一些将 Illustrator 中的矢量内容导入 Adobe XD 的方法。但首先，在试图将内容从 Illustrator 中复制并粘贴到 Adobe XD 时，需要注意以下几点。

- 文本仍保留为文本，并在粘贴时保留所有支持的类型属性。如果文本使用 Typekit 字体，那么 Typekit 字体仍将应用于粘贴到 Adobe XD 中的文本。
- 在 Adobe XD 中粘贴时，某些复杂外观属性（如渐变网格）可能会丢失。
- Illustrator 中的多重笔划和填充等外观属性可能会拆分为多个分组对象。
- 组在 XD 中保持为组。
- 将多个（未分组的）对象从 Illustrator 复制并粘贴到 Adobe XD 中，创建一个组。
- 复制 Adobe Illustrator 中的位图图像并将其粘贴到 Adobe XD 中，并保持其保真度。
1. 打开 Adobe Illustrator CC。
2. 选择 File（文件）>Open（打开），导航到 Lessons> Lesson04> images 文件夹，选择名为 icons.ai 的文件，然后单击 Open 按钮。

Illustrator 文件包含一系列简单的图标，大家将在 Adobe XD 中引入到设计中。将 Illustrator 中的内容带入 Adobe XD 的简单方法是复制和粘贴，这就是下一步要做的。

3. 选择 View（视图）> Fit Artboard In Window（在窗口中适合画板）。

Xd | **注意：** 或许会看到不同的宽度和高度值，请不要担心，这些是没问题的。

Xd | **注意：** 如果计算机上没有安装最新版本的 Adobe Illustrator CC，可以选择 File（文件）>Import（导入）（macOS）或单击应用程序窗口左上角的菜单图标（☰），然后选择 Import（Windows），导航到 Lessons> Lesson04> images 文件夹并选择 icons.svg 文件，单击 Import 放置图标。

---

4. 选择 Select（选择）>All（全部），然后选择 Edit（编辑）>Copy（复制），结果如图 4.27 所示。

5. 回到 Adobe XD，单击 Icons 画板使其成为活动画板。按 Command + 3（macOS）或 Ctrl + 3（Windows）组合键进行放大。

6. 按 Command + V（macOS）或 Ctrl + V（Windows）组合键将图标粘贴为 XD 中的矢量图形。将所选图标脱离画板，如果它们重叠的话，则拖离圆圈，如图 4.28 所示。

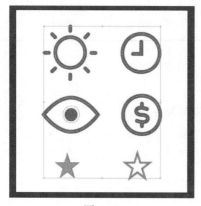

图 4.27

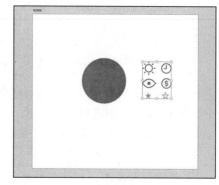

图 4.28

各个图标在 Adobe XD 中作为一个组粘贴。在第 5 课中，将学习更多关于如何使用这些组的知识。

7. 按 Command + Shift + G（macOS）或 Ctrl + Shift + G（Windows）组合键取消组合图标。

8. 切换回 Illustrator 并选择 Illustrator CC > Quit Illustrator（macOS）或 File（文件）>Exit（退出）（Windows），然后返回到 XD。

4.2.7　从 Illustrator 中为 Adobe XD 导出图稿

有时，用户可能不满意从 Illustrator 复制并粘贴到 XD 中的资源的保真度。在此案例中，可以选择从 Illustrator 导出为 SVG，并将该资源导入或拖入 Adobe XD。

4.2.8 引入来自 Photoshop 的内容

将 Adobe Photoshop 中的内容导入 Adobe XD 有 3 种主要方法：复制和粘贴、从 Photoshop 中导出并导入到 XD 中、将内容放在 Creative Cloud Library，并从 XD 的 Creative Cloud Libraries 面板将其拖入设计中。注意，目前无法将原生 Photoshop 文件（PSD 文件）导入 Adobe XD。

在本节中，将使用几种方法将 Photoshop 中的内容带入到 Adobe XD 的设计中。

1. 打开 Adobe Photoshop CC。

2. 选择 File（文件）>Open（打开），导航到 Lessons> Lesson04> images 文件夹，选择名为 beach_card.psd 的文件，然后单击 Open 按钮。如果出现 New Library From Document（来自文档的新库）对话框，则单击取消。

Photoshop 文件包含具有多个图像图层以及文本和矢量图标的设计。接下来，将复制图像内容并将其作为平铺的光栅图像粘贴到 Adobe XD 中。

3. 选择 View（视图）>Fit On Screen（按屏幕大小缩放），如图 4.29 所示。

图 4.29

4. 选择 Select（选择）>All（全部），然后选择 Edit（编辑）>Copy Merged（合并拷贝）。

无论在"图层"面板中选择了哪些图层，"合并复制"命令都会将所有内容平铺或合并到一个图层。如果选择一个或多个栅格图层，则可以选择 Edit（编辑）>Copy（复制），仅复制选定图层中的选定内容。

> **Xd** **提示**：使用选框工具选择图像内容的一部分，而不要选择 Select（选择）>All（全部）命令。

5. 切换到 Adobe XD。按 Command + 0（macOS）或 Ctrl + 0（Windows）组合键查看所有画板。
6. 选择 Select（选择）工具，单击画板旁的灰色粘贴板以取消选择全部。
7. 未选中任何内容时，按 Command + V（macOS）或 Ctrl + V（Windows）组合键将内容粘贴到文档窗口的中央。
8. 选择图像并选择 Select（选择）工具（▶），拖动图像的一角使其变小。拖动直到属性检查器中宽度显示为大约 1300 像素。将其拖动到 Instructor Detail - Dann 画板右侧的位置，如图 4.30 所示。

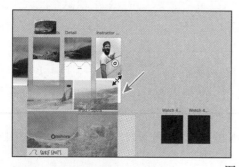

图 4.30

图 4.31

9. 切换到 Adobe Photoshop。
10. 在 Photoshop 中，选择 Window（窗口）>Layer（图层），打开"图层"面板。
11. 在"图层"面板中，右键单击图层名称 Wave，而不是名称左侧的缩略图。从菜单中选择 Copy SVG（复制 SVG），如图 4.31 所示。

如果想选择文件格式和选项，则可以从同样的上下文菜单中选择 Quick Export As PNG（快速导出为 PNG）或 Export As（导出为）。Photoshop 生成的文件可以导入到 Adobe XD 中。

12. 关闭 Photoshop 而不要保存。
13. 回到 Adobe XD，单击 Icons 画板，使其成为活动画板。按 Command + 3（macOS）或 Ctrl + 3（Windows）组合键放大画板。

> **Xd** **注意**：来自 Photoshop 的图像内容是 Adobe XD 中的单个拼合图像。

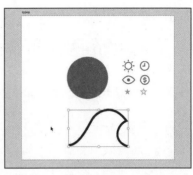

注意：您调整了图像的大小，使其不占用粘贴板上的空间。在后面的课程中，将图像移动到 iPad 大小的画板上，并进一步调整大小。

14. 按 Command + V（macOS）或 Ctrl + V（Windows）组合键从 Photoshop 中粘贴 SVG 内容。

用户可能想要将 SVG 内容拖入画板的空白区域，如图 4.32 所示。

15. 选择 File（文件）>Save（保存）（macOS）或单击应用程序窗口左上角的菜单图标（≡），然后选择 Save（Windows）。

图 4.32

从 Sketch 中引入内容

用户可以轻松地将 Sketch 中的内容复制并粘贴或拖放到 Adobe XD 中。

要从 Sketch 拖动内容，则在 Sketch 设计中选择一个或多个图层或组。单击右下角的 Make Exportable 右侧的加号（+），选择 SVG 格式，将图层从 Sketch 拖动到 Adobe XD 中。内容将作为可编辑矢量内容插入到 Adobe XD 中，如图 4.33 所示。

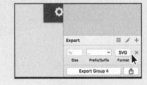

图 4.33

用户还可以将从 Sketch 导出的内容（SVG）复制并粘贴到 Adobe XD 中，并保持其在 Adobe XD 中的可编辑性。

注意：为了拖动 SVG 内容，需要从作品不透明的位置拖动。

提示：用户可以将图像从所有现代 Web 浏览器直接拖放到画板上，也可以将图像拖动到画板上的对象（形状）上，此时会自动调整图像大小以适应对象。用户还可以从浏览器复制图像并将其粘贴到 XD 中。

4.3 遮罩内容

在 Adobe XD 中使用两种不同的遮罩方法来轻松地隐藏图像或形状（路径）的各个部分：带有形状的遮罩或图像填充。遮罩是非破坏性的，这意味着任何被遮罩隐藏的内容都不会被删除。在具有形状的遮罩的情况下，如果需要，则可以调整遮罩以突出显示遮罩内容的另一部分。

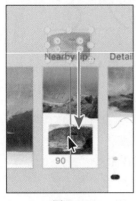

图 4.34

4.3.1 用形状或路径遮罩

下面将学习的第一种方法是使用形状遮罩。这种掩盖（隐藏）图形或图像部分的方法类似于 Illustrator 等程序中的遮罩。遮罩可以是闭合路径（形状）或开放路径（例如，形状为 s 的路径）。要掩盖内容，遮罩对象位于要遮罩对象的上方。接下来，会遮罩一部分图像。

1. 按 Command + 0（macOS）或 Ctrl + 0（Windows）组合键显示全部。
2. 选择 Select（选择）工具（▶）后，将 ocean_masked 图像拖到 Nearby spots 画板上，如图 4.34 所示。
3. 单击画板名称 Nearby spots（在画板上方）以选择它，按 Command + 3（macOS）或 Ctrl + 3（Windows）组合键可放大画板。
4. 单击以再次选择 ocean_masked 图像。将新图像的任何一个角向中心拖动以使其更小。当属性检查器中高度显示为大约 90 时，则停止拖动，如图 4.35 所示。

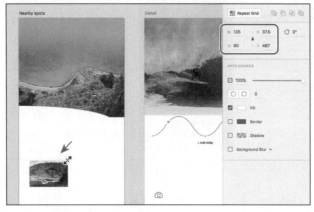

图 4.35

5. 按 Command + 3（macOS）或 Ctrl + 3（Windows）组合键放大图像。

Xd 提示：可以看到图像 ocean_masked 已被选中，因为可以在"图层"面板中看到突出显示的名称。

Xd 提示：拖动时按 Option（macOS）或 Alt（Windows）键将按比例调整图像的大小。调整大小后，确保首先释放鼠标左键，然后释放按键。

---

6. 在工具栏中选择 Rectangle（矩形）工具（□）。从图像的顶部边缘开始，按住 Shift 键并向右下方制作一个高度和宽度大约为 90 的矩形，如图 4.36 所示，然后释放鼠标左键和 Shift 键。

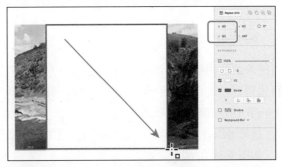

图 4.36

7. 按字母 V 选择 Select 工具。在仍然选中形状的情况下，按住 Shift 键并单击刚绘制的形状后面的图像以同时选择两者，如图 4.37 所示。选择 Object（对象）>Mask with Shape（带形状的遮罩）（macOS）或右键单击，然后从出现的菜单中选择 Mask with Shape（带形状的遮罩）（Windows）。

8. 打开"图层"面板（Command + Y [macOS] 或 Ctrl + Y [Windows]）组合键，并且在画板上保持选择图像，可在"图层"面板列表中看到 Mask Group 1，如图 4.38 所示。遮罩形状和被遮罩的对象现在是组的一部分。

图 4.37

图 4.38

4.3.2 编辑遮罩

当掩盖某些内容时，可能会想以不同的方式裁剪图像，或多或少地显示该图像。当用一个形状进行遮罩时，就像在上一节中做的那样，可以很容易地编辑遮罩和被遮罩的对象。接下来，将更改上一节中的图像被遮罩的方式。

1. 选择 Select（选择）工具（▶）并在图像仍处于选定状态时，双击图像进入遮罩编辑模式，如图 4.39 所示。

双击遮罩对象将临时在窗口中显示遮罩和遮罩对象（在本例中为图像）。这样，可以编辑遮罩或遮罩对象。

2. 单击图像区域，然后拖动以重新定位图像（不是形状），如图 4.40 所示。

图 4.39

图 4.40

图 4.41

当拖动图像时，将改变被现在可见的矩形遮罩掩盖的内容。用户可以用不同的方式转换图像，或者选择作为遮罩的形状（在本例子中为矩形），然后重新定位或调整其大小。用户还可以将其他内容复制并粘贴到遮罩中。

3. 按 Esc 键退出遮罩编辑模式。图像再一次被遮罩，如图 4.41 所示。

 注意：在导出素材资源时，遮罩的图像会按照在画板上看到的那样裁剪。第 10 课将介绍导出信息。

4. 按 Command + 0（macOS）或 Ctrl + 0（Windows）组合键显示全部。

5. 单击画板外的空白区域以取消选择图像。

6. 选择 File（文件）>Save（保存）（macOS）或单击应用程序窗口左上角的菜单图标（☰），

然后选择 Save（Windows）。

4.3.3 用图像填充遮罩

另一种遮罩方法是将图像拖放到现有的形状或路径中。图像成为形状的填充并始终居中。例如，将设计内容添加到低保真线框时，这种遮罩方法非常好，但是与前面章节中介绍的形状遮罩方法相比，它的编辑功能不够多。接下来，将为肖像图片导入一张新图像，并用一个形状对其进行遮罩。

1. 在"图层"面板中双击画板名称 Detail 左侧的画板图标（▯），以使画板适合文档窗口。
2. 在工具栏中选择 Rectangle（矩形）工具▢。按住 Shift 键并拖动 Detail 画板创建一个正方形。当在属性检查器中宽度和高度显示为约 160 时，释放鼠标左键，然后松开 Shift 键，如图 4.42 所示。

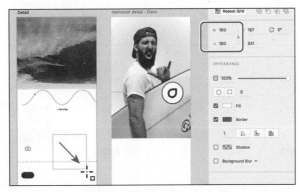

图 4.42

3. 转到 Finder（macOS）或 Windows 资源管理器（Windows），打开 Lessons> Lesson04> images 文件夹，并保持文件夹处于打开状态。返回到 XD。使用 XD 在该文件夹中查找名为 alnie.jpg 的图像，然后将该图像拖到在 Detail 画板上绘制的正方形的顶部。当正方形以蓝色突出显示时，释放鼠标左键将图像放入框架，如图 4.43 所示。

通过将图像拖动到形状上，使图像变为形状的填充。

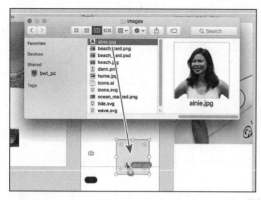

图 4.43

> **Xd** **提示：** 要确保正方形为 160×160，选中它，在属性检查器中设置锁定比例（Lock Aspect）选项（🔒），并将宽度或高度更改为 160，以便同时更改两者。

> **Xd** **注意：** 如果在选择了该形状的情况下取消选中属性检查器中的填充（Fill）选项，则该图像将被隐藏。

4.3.4　编辑图像填充遮罩

将图像放入形状中以使其成为形状的填充物，这意味着图像总是以形状为中心。接下来，将探索此类遮罩的编辑功能。

1. 在选择 Select（选择）工具（▶）并且仍然选择遮罩图像的情况下，将框架的右上点向下拖动到右侧，如图 4.44 所示。

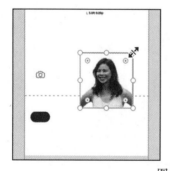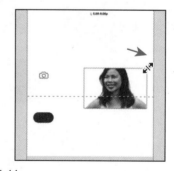

图 4.44

图像将保持居中形状并按比例调整大小以填充形状。注意，该形状具有用于使边角变圆的角部件。

2. 确保属性检查器中的 Lock Aspect（锁定比例）选项（🔒）已关闭。将宽度更改为 155，将高度更改为 155。
3. 双击图像进入路径编辑模式并查看定位点。

4. 单击选择任意的角点锚点并拖动以更改形状，如图 4.45 所示。

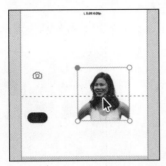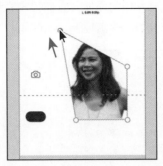

图 4.45

这与您在之前绘制形状的部分中创建的遮罩截然不同。在此案例中，无法在形状内编辑图像，只能编辑图像填充的形状。当更改形状时，注意图像将保持在中心位置，并且也会按比例继续填充图像。

5. 根据需要按 Command + Z（macOS）或 Ctrl + Z（Windows）组合键多次，将形状恢复为正方形。

6. 按 Esc 键停止编辑定位点。

7. 选择 File（文件）>Save（保存）（macOS）或单击应用程序窗口左上角的菜单图标（≡），然后选择 Save（Windows）。

> **Xd** **注意**：如果发现形状保持其比例（宽度和高度相对于彼此保持相同大小），则可以取消选择属性检查器中的 Lock Aspect（锁定比例）选项（🔒），然后重试。

> **Xd** **提示**：在路径编辑模式下，可以添加、删除和移动定位点，也可以通过双击在平滑和角落（并调整回来）之间进行转换。

4.4 处理文本

在 Adobe XD 中将文本添加到设计中时，可以通过两种主要方式：在一个点创建文本或在一个区域创建文本。在一个点创建文本是一行水平的文本，在单击的位置开始，并随着输入的字符而展开。每行文本都是独立的——在编辑时，该行会展开或缩小，但不会换行到下一行，除非添加段落返回或软返回。以这种方式输入文字对为作品添加标题或几个词很有用。

在一个区域创建文本使用对象的边界来控制字符流。当文本到达边界时，它会自动换行以适应定义的区域。当想要创建一个或多个段落时，以这种方式输入文本很有用。

在本节中，将学习创建文本和更改文本格式的不同方式。在第一部分中，在 Home 画板中，将首先汇集第 3 课中添加的设计内容。

1. 按 Command + 0（macOS）或 Ctrl + 0（Windows）组合键查看所有内容。

2. 选择 Select（选择）工具（▶），并横跨 Onshore 图稿拖动选框以选中它，如图 4.46 所示，确保不要选择左侧的图标（它们很难看清楚）。

3. 将作品拖放到 Home 画板上，如图 4.47 所示。如果发现拖曳作品很困难，则尝试放大。

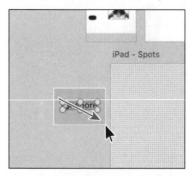

图 4.46

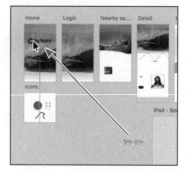

图 4.47

4. 使用任意方法放大 Home 画板。

5. 按住 Shift 键并拖动所选内容的右下角，使其变大。确保它与图 4.48 中的宽度大致相同，并且像图 4.48 右图所示的那样定位。

图 4.48

> **Xd** 注意：拖动作品可能会很棘手，需要从作品不透明的位置进行拖动。

> **Xd** 注意：按住 Shift 键来限制矢量图形的比例。

在第 5 课中，当开始使用组时，将更改 Onshore 图稿的颜色。

6. 选择 File（文件）>Save（保存）（macOS）或单击应用程序窗口左上角的菜单图标（≡），然后选择 Save（Windows）。

4.4.1 在一个点创建文本

随着 Home 画板上的一些设计内容的出现，接下来将介绍在 Onshore 文本下添加子标题文本。由于这个新的文本是一行，所以在一个点创建文本是最好的选择。

1. 选择工具栏中的 Text（文本）工具（T）。单击
   Home 画板的底部（在白色区域），然后输入 "It's
   epic out." 以在一个点上创建文本，如图 4.49 所示。
   如果继续输入，文本将继续向右，直到按 Return 或
Enter 键进行段落返回，或者按 Shift + Return（macOS）
或 Shift + Enter（Windows）组合键进行软返回。

图 4.49

2. 按 Esc 键选择文字对象。
   文本周围边界框的底部会显示一个点。这说明它是一个文本。
3. 向下和向上拖动点以查看字体大小更改。在属性检查器中，当字体大小为 16 时停止拖动，
   如图 4.50 所示。

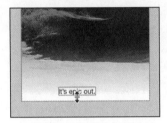 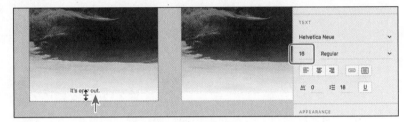

将鼠标指针定位到点上　　　　　　　　　　通过拖动来调整文本的大小

图 4.50

 注意：本书中的图片是在 macOS 上截图的，因此会看到 Helvetica Neue 正在使用。
Windows 上的 Adobe XD 的默认字体是 Segoe UI。

4. 选中文本对象后，单击属性检查器中的 Fill（填充）颜色框。在出现的颜色选择器中将颜
   色更改为白色。

 提示：如果将指针放在某个点的文本上的单个锚
点上，指针将更改为（↰）。然后可以旋转文字。

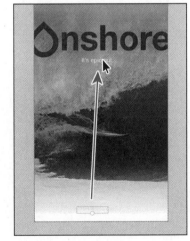

5. 选择 Select（选择）工具（▶）并将文字拖到文字
   Onshore 下方，如图 4.51 所示。
6. 选择 File（文件）>Save（保存）（macOS）或单击应
   用程序窗口左上角的菜单图标（☰），然后选择 Save
   （Windows）。

 提示：通过单击属性检查器的"文本"部分中的
所需选项，可以在点类型（▭）和区域类型（▤）
之间转换。

图 4.51

4.4.2　创建一个文本区域

要在区域中创建文本，使用 Text（文本）工具（T）单击并拖动，以创建一个区域以输入文本。当光标出现时，则可以输入。接下来，将为添加到设计中的某个正文副本创建一个文本区域。

1. 按空格键访问 Hand（手形）工具（🖐），然后在文档窗口中拖动以查看 Detail 画板。
2. 选择 Text（文本）工具（T）后，朝向画板的顶部（在图像上方），从画板的左边缘拖动到右边缘以创建与画板一样宽的文本区域。输入"01 SURF REPORT"，按 Return 或 Enter 键，然后再输入"Saturday, September 3 at 1:15 PM"。将光标留在文本中，结果如图 4.52 所示。

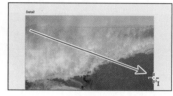

图 4.52

注意，文本格式与上一个文本相同。用户看到的格式可能与图 4.52 中的有些不同，这没关系。接下来，将在课程文件中的文本文件中添加更多文本。这是从外部来源向设计中添加文本的好方法。

> **提示**：通过选择文本对象并选择 Object（对象）>Path（路径）>Convert To Path（转换为路径）（macOS）或右键单击并选择 Path（路径）>Convert To Path（转换为路径）（Windows），可以将文本转换为轮廓（形状）。

图 4.53

3. 选择 File（文件）>Import（导入）（macOS）或单击应用程序窗口左上角的菜单图标（≡），然后选择 Import（导入）（Windows）。导航到 Lessons> Lesson04 文件夹，然后选择名为 Surf.txt 的文件。单击 Import 以将文本放置在相同的画板上其自身类型的对象中，如图 4.53 所示。
4. 选中文本工具后，单击新文本区域以选择全部文本。选择 Edit（编辑）>Cut（剪切）（macOS）或按 Ctrl + X（Windows）。
   如果从文本区域删除所有文本，文本区域本身也将被删除。
5. 将光标插入到"... 1:15 PM"之后并按 Return 或 Enter 键。按 Command + V（macOS）或 Ctrl + V（Windows）组合键粘贴文本，结果如图 4.54 所示。
6. 按 Esc 键选择文字区域。
   用户可能会看到一些文字不再显示（图中的所有文字都显示

出来）。这称为重叠文本（overset text），当它被选中时，由文本区域底部中间点的点表示。接下来，将通过调整类型对象来显示文本的其余部分。

图 4.54

7. 如果用户看到所有文字，则将底部中间点向上拖动，直到部分文字消失，并在底部边界处显示一个圆点。向下拖动直到出现所有文字并且点消失，结果如图 4.55 所示。

8. 选中文本形状后，单击填充选项左侧的白色 Fill（填充）颜色框，然后单击第 3 课中保存的灰色色样，如图 4.56 所示。

超文本文本指示器

拖动以调整文本区域大小

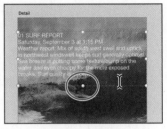

超文本指示器消失

图 4.55

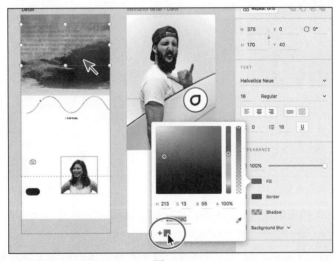

图 4.56

> **提示：**只需将纯文本文件拖放到画板上，即可轻松地将文字包含在设计中。此操作使用文本文件的内容创建区域文本对象。还可以将文本复制并粘贴到画板上，创建一个区域文本对象，在 Adobe XD 中轻松移动和编辑该对象。

9. 单击当前画板上方的画板名称 Detail 以选择它。在属性检查器的 Grid（网格）部分中选择 Layout（布局）选项以重新打开布局网格，如图 4.57 所示。

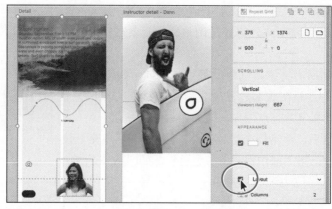

图 4.57

10. 选择 Select（选择）工具（▶）并将文本区域向下拖动到画板的白色区域。将文本区域的左边缘与第一个布局网格列的左侧对齐（见图 4.58）。

11. 将文本区域的右侧边缘向左拖动以使其更窄，将其贴到右侧布局网格列的右侧边缘，如图 4.59 所示。

图 4.58

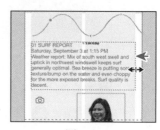

图 4.59

12. 在远离内容的文档窗口的空白区域单击以取消选择。

Xd | **注意**：Adobe XD 更新添加了一个选项，用于在颜色选择器中选择颜色模型。

4.4.3 调整文本样式

在 Adobe XD 中，文本格式选项可在属性检查器中找到，并包含如字体、字体大小和文本对齐等格式。在本节中，通过对现有文本应用格式设置，将体会到 Adobe XD 中的文本格式。

1. 双击"图层"面板中画板名称 Home 左侧的画板图标（▯），使主画板适合文档窗口。

2. 选择 Select（选择）工具（▶），单击选择文本"It's epic out."。

3. 确保在属性检查器中选择了 Helvetica Neue（macOS）或 Segoe UI（Windows）字体。单击 Regular 旁边的箭头以显示 Font Weight（字体权重）菜单并选择 Bold（粗体），如图 4.60 所示。

图 4.60

对于通过点和文本区域创建的文本，只需使用 Select（选择）工具选择类型对象即可更改所有文本的格式。如果要将不同的格式应用于文本中某个点或文本区域内的不同文本，则可以使用文本工具选择文本。

4. 按空格键访问 Hand（手形）工具（✋），然后在文档窗口中拖动以查看 Detail 画板上的文字。

5. 选中 Select（选择）工具（▶）后，将 Detail 画板上的所有项目拖动到新位置，无论是在画板上还是在画板之外，如图 4.61 所示。

图 4.61

在稍后的课程中，将使 Detail 画板更高，以适应其他内容，例如重复网格。现在，按照图 4.61 所示移动图标和图像。

6. 单击以"01 SURF REPORT..."开头的文本区域。在属性检查器中将字体大小更改为 15，将行距改为 25，如图 4.62 所示。在输入最后一个值后按 Return 或 Enter 键。

图 4.62

> **Xd** **注意**：本书中的图片是在 macOS 上截图的，因此会看到 Helvetica Neue 正在使用。

> **Xd** **注意**：Adobe XD 中的"字体"菜单显示了所有系统字体和所有同步的 Typekit 字体。

> **Xd** **提示**：要更改字段中的值，可以选择该值并按向上或向下箭头键。如果按 Shift + 向上或向下箭头键，则该值会以 10 为步长调整。

Line Spacing（行间距）是文本行之间的间距，与 Adobe Illustrator 等程序中的 Leading 类似。

7. 如果看到它，将超集文本指示器（Overset text indicator）（中下边界点处的圆圈）向下拖动以显示所有文本。

8. 选择 Text（文本）工具（ **T** ）并单击文本以将其全部选中。在 "Saturday，September 3 at 1:15 PM" 文本上单击 3 次以选择整行。单击 Regular 旁边的箭头，以显示属性检查器中的 Font Weight（字体权重）菜单并选择 Bold（粗体）。

9. 单击属性检查器中的 Fill（填充）颜色框，并将 Hex 值更改为 #162232，如图 4.63 所示。按 Return 或 Enter 键接受更改。单击颜色选择器左下角的加号（+），将颜色另存为样本。

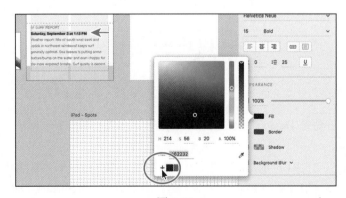

图 4.63

10. 单击文档窗口的空白区域以停止编辑文本，并能够创建新的文本区域。

11. 选中 Text（文本）工具（T）后，在 Detail 画板上的顶部图像下方单击。输入"SURF"，按 Return 或 Enter 键，然后输入"2-4"。

12. 按 Command + A（macOS）或 Ctrl + A（Windows）组合键选择全部文本。在属性检查器中，将字体大小更改为 12，将 Font Weight（字体权重）更改为 Bold（粗体）。单击 Fill（填充）颜色框，然后在颜色选择器中选择之前保存的深蓝色样本，如图 4.64 所示。

> **注意**：Adobe XD 的一个更新中添加了一个选项，用于在颜色选择器中选择颜色模型。请确保从该菜单中选择了该 Hex 值。

> **提示**：编辑 Hex 值时，可以使用简写输入 Hex 值。用户可以输入任何 Hex 值以使其对所有 6 个值重复。例如，输入单个字符（如 f）会为所有值（#ffffff）重复该字符。按顺序重复输入 ab 等双字符（#ababab）。输入 3 个字符，如"123"按顺序重复每个字符（# 112233）。

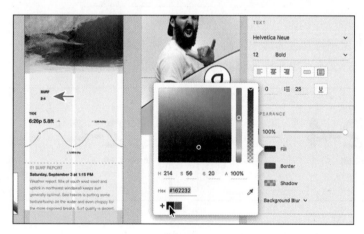

图 4.64

13. 拖动文本"2-4"以选择它。将字体大小更改为 80，将行间距更改为 75，如图 4.65 所示。

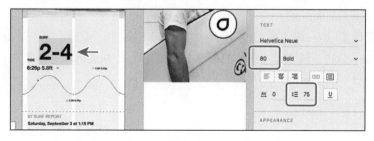

图 4.65

14. 按 Esc 键选择文本区域。按 V 键选择 Select 工具。

4.4.4 复制文本

重复使用文本格式的一种方法是复制具有所需格式的文本对象并更改文本内容。用户也可以单击想要的格式的文本，然后创建一个新的文本对象，并使用原始文本的格式。在这最后一节中，将复制文本并进行更改。

1. 按住 Option 键（macOS）或 Alt（Windows）键将 SURF 2-4 文本对象向右拖动，如图 4.66 所示。当水平智能参考线出现时，表明拷贝件与原稿已对齐，这时松开鼠标左键，然后释放键盘按键。

图 4.66

2. 双击复制的文字将其全部选中。输入 FT 以替换文本。用户可能需要进一步放大。

3. 按 Esc 键选择文本对象并将其向下拖动到位，如图 4.67 所示。

图 4.67

4. 按 Command + 0（macOS）或 Ctrl + 0（Windows）组合键查看所有画板。

5. 在文档窗口内容以外的空白区域单击以取消选择。

6. 选择 File（文件）>Save（保存）（macOS）或单击应用程序窗口左上角的菜单图标 ，然后选择 Save（Windows）。

7. 如果打算跳到下一课，可以打开 App_Design.xd 文件。否则，选择 File（文件）>Close（关闭）（macOS），或者单击每个打开文档的右上角（Windows）中的 X（关闭）按钮。

4.5 复习题

1. 指出可以导入 Adobe XD 的 3 种资源类型。
2. 简要描述如何在拖动图像时暂时禁用对齐。
3. 描述如何替换图像。
4. 遮罩的两种方法是什么？
5. 简述将 Illustrator 图稿引入 Adobe XD 的两种方法。
6. 点创建文本和区域创建文本有什么区别？

4.6 复习题答案

1. 可以导入到 Adobe XD 的资源文件类型为 SVG、GIF、JPEG、PNG 和 TIFF。
2. 拖动图像时，可以按 Command（macOS）或 Ctrl（Windows）键暂时禁用对齐。
3. 如果发现需要更换图像，可以将图像从桌面拖动到现有图像上进行替换。
4. 在 Adobe XD 中，可以使用两种不同的方法轻松隐藏部分图像或形状（路径）：带有形状或图像填充的遮罩。遮罩是非破坏性的，这意味着任何被遮罩隐藏的内容都不会被删除。
5. 将 Illustrator 中的内容导入 Adobe XD 有几种方法：复制和粘贴、从 Illustrator 中导出并导入到 XD 中、从 Illustrator 中拖放到 XD 中。注意，目前无法将原生 Illustrator 文件（AI 文件）导入 Adobe XD 中。
6. 点创建文本在开始单击并在输入字符时展开。每行文本都是独立的——在编辑时，该行会展开或缩小，但不会换行到下一行，除非添加段落返回或软返回。区域创建文本使用对象的边界来控制字符流。当文本到达边界时，它会自动换行以适应定义的区域。

第5课　组织内容

课程概述

本课介绍的内容包括：

- 安排内容；
- 使用"图层"面板；
- 创建和编辑组；
- 对齐内容和画板；
- 精确定位对象。

本课程大约需要 45 分钟完成。开始之前，请先将本书的课程资源下载到本地硬盘中，并进行解压。在学习本课时，将覆盖相应的课程文件。建议先做好原始课程文件的备份工作，以免后期用到这些原始文件时，还需重新下载。

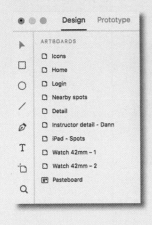

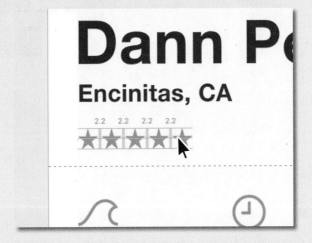

　　使用"图层"面板，可以组织画板并控制内容的导出、显示、组织、选择和编辑方式。在每个画板中，将使用排列、分组、定位和对齐来确保单个资源的组织性和易于访问。

5.1 开始课程

在本课中，将学习如何在应用设计中组织设计内容。首先，打开一个课程完成文件，以了解将在本课中创建的内容。

1. 打开 Adobe XD CC。
2. 在 macOS 上，选择 File（文件）>Open（打开），或者如果"开始"屏幕没有打开任何文件，则单击"开始"屏幕中的 Open 按钮。在 Windows 上，单击应用程序窗口左上角的菜单图标（≡）并选择 Open，或者如果在没有文件打开的情况下，单击"开始"屏幕中的 Open 按钮。打开名为 L5_end.xd 的文件，该文件位于 Lessons> Lesson05 文件夹中。
3. 如果在应用程序窗口的底部看到有关丢失字体的消息，可以单击消息右侧的 X 按钮关闭它。
4. 按 Command + 0（macOS）或 Ctrl + 0（Windows）组合键查看所有内容，如图 5.1 所示。

图 5.1

这个文件只是为了展示在本课结束时创建的内容。

5.2 排列对象

在向画板添加内容时，每个新对象都将被放置在前一个对象的上方。对象的这种排序称为堆叠顺序，用于确定它们在重叠时的显示方式。用户可以随时使用"图层"面板或"排列"命令更改图稿中对象的堆叠顺序。

> **Xd** **注意：**如果读者尚未将本课程的项目文件下载到计算机中，请务必立即执行此操作。具体可参阅本书的"前言"。

在图 5.2 中，红色的正方形首先被创建，其次是蓝色，最后创建橙色。对于每个示例，排列令已应用于橙色对象。在对象菜单（macOS）中，或右键单击要排列的对象（macOS 或 Windows），可以找到 Arrange（排列）命令，例如 Send To Back（移到最后）。

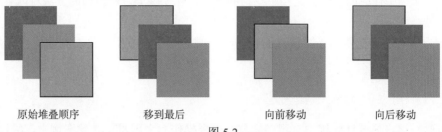

| 原始堆叠顺序 | 移到最后 | 向前移动 | 向后移动 |

图 5.2

Send To Back（移到最后）命令将所选内容发送到所有其他作品之后。Bring To Front（移至最前）命令将所选内容放在所有其他作品的顶部。Bring Forward（向前移动）和 Send Backward（向后移动）命令分别使对象向前移动一个对象和向后移动一个对象。接下来，将使用排列命令来更改堆叠顺序。

1. 选择 File（文件）>Open（打开）（macOS）或单击应用程序窗口左上角的菜单图标（≡），然后选择 Open（Windows）。打开 Lessons 文件夹（或保存它的位置）中的 App_Design.xd 文档。

2. 按 Command + 0（macOS）或 Ctrl + 0（Windows）组合键查看所有内容。

3. 使用任何缩放方法来放大 Login 画板。

4. 选择 Select（选择）工具（▶）后，单击以选择乘坐波浪的冲浪者的图像，如图 5.3 所示。

5. 选择 Object（对象）>Arrange（排列）>Send To Back（移到最后）（macOS）或直接在图像上单击鼠标右键，然后选择 Send To Back（移到最后）（macOS）或 Arrange（排列）> Send To Back（移到最后）（Windows）。

图 5.3

图像被发送到该画板上的所有其他艺术作品之后。每个画板都有自己的堆叠顺序。在 5.3 节中，将探索使用"图层"面板的工作方式。该面板提供另一种安排和组织内容的方式。

 注意： 如果要使用"前言"中描述的 jumpstart 方法从头开始，则从 Lessons> Lesson05 文件夹中打开 L5_start.xd。

5.3 使用"图层"面板

Adobe XD 中的"图层"面板针对 UX 设计进行了优化。在 Adobe XD 中，我们不创建图层或子图层。相反，在"图层"面板中列出了在特定画板上找到的对象（单个对象、组等）。只有与正在处理的画板相关联的对象被显示，以便"图层"面板保持整洁和整洁。除了组织内容，"图层"面板还会列出未选中任何内容时在文档中找到的画板，并提供了一种轻松的方法对内容进行选择、隐藏和锁定等。

到目前为止，一直在使用"图层"面板的导航画板。在本节中，将看到如何将它用于组织、命名和选择。

5.3.1 使用"图层"面板选择内容

有些时候，用户的设计区域中有很多内容，选择操作起来困难。在此案例中，可以使用"图层"面板进行选择。接下来，将在"图层"面板中的 Home 画板上选择部分 Onshore 文字，以更改颜色。

1. 单击灰色粘贴板以取消选择所有内容。
2. 单击应用程序窗口左下角的 Layers（图层）面板图标（◈），以显示"图层"面板（如果它尚未显示），如图 5.4 所示。

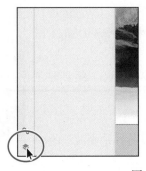

图 5.4

如果没有选择任何内容，应该看到"图层"面板中列出的文档中的所有画板，还应该在"图层"面板中看到 Pasteboard。当用户的设计内容不在画板上（而是在灰色的粘贴板上）时，Pasteboard 会出现在"图层"面板中。

3. 双击"图层"面板中的名称 Pasteboard 以显示内容，如图 5.5 所示。

图 5.5

注意：在之前的课程中，可以通过按 Command + Y（macOS）或 Ctrl + Y（Windows）组合键或选择 View（视图）>Layer（图层）（macOS）打开"图层"面板。在此之后，可以使用任何喜欢的方式打开或关闭"图层"面板。

注意：还可以选择文档中不在画板上的内容（它位于灰色粘贴板上），以在"图层"面板中显示粘贴板内容。

灰色粘贴板中的所有内容现在都列在"图层"面板中。默认情况下，"图层"面板中的 Pasteboard 内容的排序顺序将按照内容添加到粘贴板的顺序。"图层"面板列表中最顶层的对象是最后添加的对象。

4. 按 Command + 0（macOS）或 Ctrl + 0（Windows）组合键查看所有内容。

5. 在"图层"面板中单击名为 Image 1 的对象以选择该内容，如图 5.6 所示。当文档中有大量内容时，以这种方式选择内容有时会更容易。

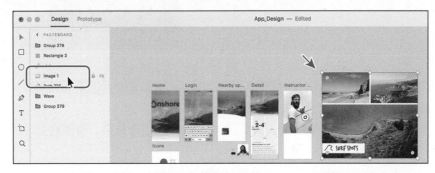

图 5.6

6. 单击"图层"面板顶部单词 PASTEBOARD 左侧的箭头返回，再次显示画板列表，如图 5.7 所示。

图 5.7

7. 双击"图层"面板中画板名称 Home 左侧的画板图标（▯），以使画板适合文档窗口。

8. 选择 Select（选择）工具（▶）后，单击名为 Path 6 的路径（或任何您命名的路径），如图 5.8 所示。

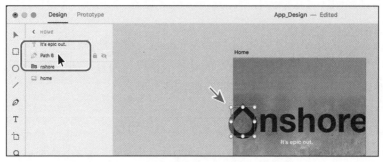

图 5.8

"图层"面板中的每个对象在名称左侧都有一个图标，指示它是什么类型的对象。例如，对象名称左侧的 Pen 图标（✎）表示它是矢量图形。

9. 单击属性检查器中的边框（Border）颜色框以打开颜色选择器。将颜色更改为白色，然后按 Esc 键隐藏颜色选择器，如图 5.9 所示。

图 5.9

10. 在"图层"面板（不是名称）中单击 nshore 名称左侧的组图标（▣）以显示组的内容，如图 5.10 所示。注意，上一个形状仍处于选中状态。

当使用 group（组合）命令对内容进行分组或引入分组的内容时，"图层"面板中的组图标（▣）以及对象名称都表示它是一个组合。在 5.4 节中，将介绍更多有关使用组合的内容。

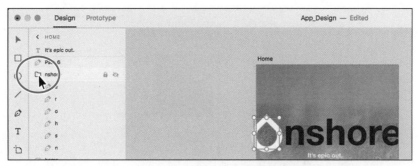

图 5.10

注意：由于这是一个不需要填充的路径，因此需要将边框颜色应用于 Onshore 的 O。nshore 文本是文字，所以使用填充。

注意：在 Windows 上，您可能会发现选择了 nshore 内容，这没关系。

11. 在"图层"面板中单击名称 nshore，选择画板上的图稿。

注意，属性检查器中未显示填充、边框和其他属性。在 Adobe XD 中，即使组中的所有对象的格式都相同，也无法选择组并更改格式。用户需要选择其中的单个对象。

12. 在"图层"面板中单击标有 e 的对象，然后按住 Shift 键并单击标有 n 的对象，选择组中的所有对象，如图 5.11 所示。

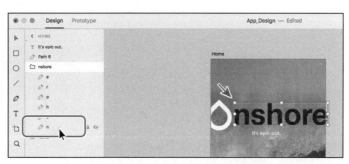

图 5.11

13. 单击属性检查器中的 Fill（填充）颜色框，打开颜色选择器。将颜色更改为白色，然后按 Esc 键隐藏颜色选择器，如图 5.12 所示。

14. 单击 nshore 名称左侧的组图标（📁），在"图层"面板中隐藏该组合的内容。

这最后一步确实没有必要；这只是保持"图层"面板干净、整洁的一种方式。

注意：这里将展示如何在画板上选择组合中的内容。

图 5.12

Xd **注意**：当在组合中选择一个对象时，该组合将在"图层"面板中以白色突出显示，显示该组内的所有内容。

5.3.2 锁定和隐藏内容

在设计中，有时可能需要锁定和隐藏内容，以便更轻松地选择、隐藏版本等。在本节中，将介绍如何锁定和隐藏文档中和"图层"面板中的内容。

1. 在文档窗口中仍然显示 Home 画板的情况下，选择 Select（选择）工具（▶），单击 Home 画板背景中的图像，如图 5.13 所示。

图 5.13

此时会看到 Home 画板内容出现在"图层"面板中，并且在图层列表中 Home 图像被选中。

2. 按 Command + L（macOS）或 Ctrl + L（Windows）组合键锁定图像，如图 5.14 所示。

一个小锁图标出现在图像的左上角，其边框现在变成灰色。如果查看"图层"面板，则会在对象名称（home）的右侧显示一个锁形图标，表明对象已锁定。当一个对象被锁定时，它不能被移动、删除或编辑。要解锁图像，可以按 Command + L（macOS）或 Ctrl + L（Windows）组合键或单击画板上图像左上角的锁定图标。

接下来，将锁定并隐藏"图层"面板中的内容。

3. 单击文档窗口中画板和内容之外的空白区域，取消选择所有内容。

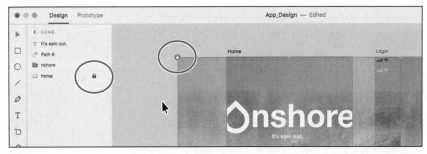

图 5.14

4. 在"图层"面板中双击 Login 画板名称左侧的画板图标（⬚），查看画板的内容。

5. 在"图层"面板中单击 Keyboard Alphabetic 画板的内容。将指针悬停在"图层"面板列表中的对象上，单击锁定图标（🔒）锁定内容，如图 5.15 所示。

图 5.15

Xd **注意**：读者看到的路径名称可能不同，路径和 nshore 对象的顺序也可能不同，这没关系。

Xd **提示**：还可以选择 Object（对象）>Lock（锁定）（macOS）或右键单击内容，选择（Lock）（macOS 和 Windows）来锁定内容。

Xd **提示**：可以选择一系列对象并使用此方法一次全部锁定它们。

现在应该在图像的左上角看到一个小锁图标，其边框现在变成灰色。对于下一步，读者可能需要按空格键拖动或缩小。

6. 右键单击 Nearby spots 画板右侧的遮罩图像，然后在出现的菜单中选择 Hide（隐藏），如图 5.16 所示。

当右键单击内容时，会看到很多已经使用过的命令，比如锁定和排列命令。与锁定一样，也可以使用各种方法隐藏内容。如果现在查看"图层"面板，则会看到 Mask Group 1 对象变暗，并且眼睛图标（👁）已打开。

7. 将指针放在眼睛图标（👁）上并单击几次以显示，然后暂时隐藏图像，如图 5.17 所示。确保它已经隐藏。这将在后面的课程中再次展示它。

图 5.16　　　　　　　　　　　　　　　　　　　图 5.17

8. 选择 Filc（文件）>Save（保存）（macOS）或单击应用程序窗口左上角的菜单图标（☰），然后选择 Save（Windows）。

5.3.3　重新排列画板和图层内容

在本课开始时，已经了解了堆叠顺序和安排内容的知识。在本节中，将使用"图层"面板更改画板上的两个画板和内容的排序。改变画板的顺序可能对于组织设计很有用，而在"图层"面板中更改画板内的内容排序与使用布局命令的效果相同。

接下来，将使用"图层"面板在设计中安排画板。

1. 选择 Select（选择）工具（▶），并单击灰色粘贴板，取消选择所有内容。

 提示： 也可以按 Command + ;（macOS）或 Ctrl + ;（Windows）组合键，选择 Object（对象）>Hide（隐藏）（macOS），或单击对象名称右侧的"图层"面板中的眼睛图标（👁）隐藏内容。

 提示： 可以选择一系列对象，并使用此方法一次性隐藏（或显示）它们。

图 5.18

不要忘记，在没有选择任何内容的情况下，可以在"图层"面板中看到所有画板的列表。

2. 按 Command + 0（macOS）或 Ctrl + 0（Windows）组合键查看文档中的所有内容。

3. 将 iPad-Spot 画板拖动到 Instructor Detail - Dann 画板下面的"图层"面板列表中，如果尚未显示的话。当一条线出现时，松开鼠标左键。将 Icons 画板拖动到 iPad-Spot 画板下方，当出现一条线时，松开鼠标左键，如图 5.18 所示。

如果读者设计的画板看起来没有什么变化。正如作者在第 4 课中提到的那样，这是因为在"图层"面板中对画板进行重新排序会影响画板在设计中重叠的方式，但不影响其位置（X 坐标和 Y 坐标）。作者倾向于将画板拖入一个对设计者有意义的顺序。例如，在包含应用程序和网页设计的设计中，作者喜欢将应用程序的画板和网页设计的画板放在一起。

接下来，将了解如何使用"图层"面板排列内容。

4. 单击以选择 Instructor Detail - Dann 画板上的 Dann 图像。

在"图层"面板中，将看到画板上的两个对象：在第 4 课中绘制的线条和 Dann 的图像。Dann 的形象位于线条的上方。出于本课的学习目的，将使用"图层"面板将图像排列在图像顶部。

5. 将图层面板中名为 dann 的图像拖放到线条下方。当一条线出现时，释放鼠标按钮，如图 5.19 所示。

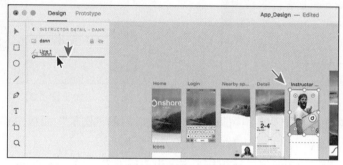

图 5.19

在稍后的课程中，将定位该线，但现在将其保留在原来的位置。

6. 选择 File（文件）>Save（保存）（macOS）或单击应用程序窗口左上角的菜单图标（☰），然后选择 Save（Windows）。

 注意：拖动"图层"面板中的内容到组的顶部，会把拖动的内容添加到组中。在 5.4 节中，将会学到这个知识点。

5.4 使用组

设计中的对象可以组合成一个组，以便这些对象被视为一个单元。然后，可以移动或变换组而不影响各个对象的属性或相对于彼此的位置。对内容进行分组后，可以在后面更轻松地选择作品，并帮助用户将内容组织在"图层"面板中。

5.4.1 创建一个组

在本节，将探索一些创建一组内容的方法。

1. 使用任意方法放大 Detail 画板。

2. 选择 Select（选择）工具（▶）后，在文本"SURF 2-4"和文本"FT"上拖动，以选择两个输入对象，如图 5.20 所示。

在"图层"面板（可能已经选择了内容）中，将看到两个对象被选中。

3. 按 Command + G（macOS）或 Ctrl + G（Windows）组合键将它们组合在一起。

用户可以通过"图层"面板中名称左侧的组图标（📁），知道所选内容现在已变成一个组。

4. 双击"图层"面板中新组的名称。在这里，它是 Group 5，但是显示的组名很可能会有所不同，这没关系。将名称更改为 Surf Detail，然后按 Return 或 Enter 键，如图 5.21 所示。

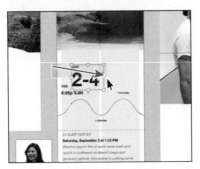

图 5.20

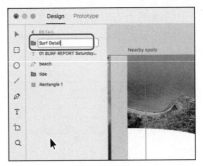

图 5.21

用户不必重命名组，但重命名组可以更轻松地在以后的"图层"面板中查找内容。另外，当导出资源时，"图层"面板中的内容名称将成为资源的名称。

组也可以与其他内容或组分组。这被称为嵌套组。接下来，将通过 Home 画板上的 Onshore 文字创建一个嵌套组。

5. 按空格键临时访问 Hand（手形）工具（✋），然后在文档窗口中拖动，以便可以在左侧看到 Home 画板。用户也可以缩小，然后放大到 Home 画板。

Xd | 提示：可以使用"图层"面板对对象进行分组。选择对象，单击鼠标右键，然后选择 Group（组）。

Xd | 提示：还可以选择 Object（对象）>Group（组）（macOS），或者右键单击所选内容并选择 Group（macOS 和 Windows），以将内容分组。

Xd | 注意：可以在不同的画板上对内容进行分组，但分组的内容将被移至最顶端或最左边的画板。

Xd | 注意：第 10 课将介绍有关导出资源的信息。

---

6. 单击灰色粘贴板，取消选择任何内容。从 Home 画板的左边缘开始，拖动 Onshore 文字并选择它，如图 5.22 所示。

7. 按住 Shift 键并单击背景中的图像，取消选择它。

图 5.22

查看"图层"面板，此时会看到字母 nshore 已经分组了（可以根据组图标 [📁] 来判断）。通过分组 O 路径和 nshore 组，将创建一个嵌套组。

8. 在"图层"面板列表中，右键单击所选对象（Path 对象或 nshore 组）中的任意一个，然后选择 Group（组）。双击新的组名称并将其更改为 Onshore，如图 5.23 所示。按 Return 或 Enter 键并让组继续保持被选中。

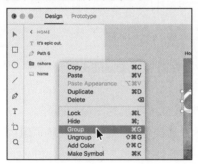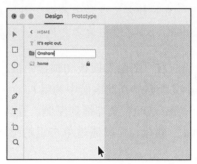

图 5.23

9. 选择 File（文件）>Save（保存）（macOS）或单击应用程序窗口左上角的菜单图标☰，然后选择 Save（Windows）。

5.4.2 编辑组内的内容

为了编辑组内的内容，可以取消已分组内容，通过双击分组选择单个内容，或从"图层"面板中选择分组内的内容。在编辑时双击一个组可以节省大量时间。接下来，将在"图层"面板中使用其他方法对某些内容进行分组，然后对其中一个分组对象进行编辑。

1. 在"图层"面板中，将 It's Epic Out 文本拖到 Onshore 组名称上。当释放鼠标左键时，文本将被添加到组中，并且该组的内容将在"图层"面板中可见，如图 5.24 所示。

> **Xd** **注意**：确保不要选择"It's epic out"文本。

> **Xd** **注意**：用户看到的路径名称可能不同，这没关系。

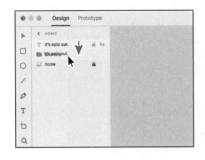
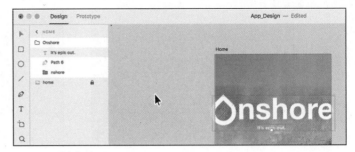

图 5.24

文本对象仍应在"图层"面板和画板中被选择，并且整个 Onshore 组应该有一个浅蓝色边框。该蓝色边框表示父元素（在此案例中为组）。

2. 将"It's Epic Out"文本拖到左侧，直到它与图 5.25 所示的图像相匹配。

使用"图层"面板，可以通过单击组的组图标来选择组内的内容，以显示组内容，并选择组内的单个对象。

3. 在灰色粘贴板上内容之外的区域中单击，取消全部选择。

如果此时用户正在使用设计并希望编辑组中的内容，那么也可以在设计中正确执行此操作。

4. 双击 Onshore 的（第一个）大写字母 O 以选择它，如图 5.26 所示。

O 应该被选中，并在整个组周围仍显示蓝色边框。整个组的内容仍应显示在"图层"面板中。

5. 在灰色粘贴板上内容之外的区域中单击，取消全部选择。

6. 按住 Command（macOS）或 Ctrl（Windows）键并单击 nshore 文本中的 e 以将其选中，如图 5.27 所示。

| 图 5.25 | 图 5.26 | 图 5.27 |

现在选择 e，可以编辑属性检查器中的属性或转换该字母。通过按住 Command 键按 Ctrl 键并单击，可以选择组中的任何单个对象，即使它是嵌套组。蓝色边框表示 nshore 组是该字母 e 的父对象。

7. 按 Esc 键再次选择 nshore 组。再按 Esc 键选择整个组。

8. 单击"图层"面板中的 Onshore 组的组图标（📁）以在"图层"面板中隐藏该组的内容，如图 5.28 所示。

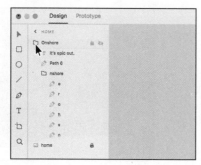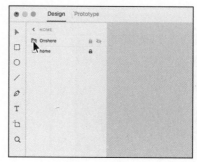

图 5.28

9. 选择 File（文件）>Save（保存）（macOS）或单击应用程序窗口左上角的菜单图标（☰），然后选择 Save（Windows）。

5.5　对齐内容

Adobe XD 可以轻松地将多个对象相对于对方或画板对齐或排列，也可以将画板彼此对齐。在本节中，将学习用于对齐对象的不同选项。接下来几节的操作步骤比较多，因为需要将被对齐和排列的内容放在一起。

5.5.1　将对象与画板对齐

如果需要对内容进行居中对齐，则将对象与画板对齐可能很有用。接下来，将把某些内容与画板的中间对齐。

1. 按 Command + 0（macOS）或 Ctrl + 0（Windows）组合键，查看文档中的所有内容。

2. 选择 File（文件）>Open（打开）（macOS）或单击应用程序窗口左上角的菜单图标（☰），然后选择 Open（Windows）。在打开对话框中，导航到 Lessons> Lesson05 文件夹并选择名为 Content.xd 的文件，单击 Open 按钮。

这个文件包含了我们需要的几个元素，包括一个搜索图标和一个汉堡菜单。

 提示：再次按 Esc 键可以取消全部选择。

3. 选择 Select（选择）工具（▶）后，单击画板顶部的任意白色图标以选择一个组，如图 5.29

所示。按 Command + C（macOS）或 Ctrl + C（Windows）组合键复制内容。

4. 选择 File（文件）>Close（关闭）（macOS）或单击应用程序窗口（Windows）右上角的 X 以关闭 Content.xd 文件。

5. 返回到 App_Design 文件中，单击设计中画板上方的 Nearby spots 画板名称，然后按 Command + 3（macOS）或 Ctrl + 3（Windows）组合键放大。

6. 按 Command + V（macOS）或 Ctrl + V（Windows）组合键粘贴组，如图 5.30 所示。

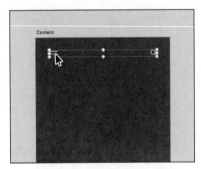

图 5.29

图 5.30

从一个画板复制并粘贴到另一个画板的内容，其位置与在原画板中的相对位置（左上角）相同。内容将偏离中心，因为您复制该组的画板比 Nearby Spots 画板更宽。

7. 在粘贴的组仍处于选中状态时，单击属性检查器顶部的居中对齐（水平）选项（✤），如图 5.31 所示。

图 5.31

该组与水平画板的中间对齐。

8. 单击内容以外的空白区域以取消选择。

9. 选择 File（文件）>Save（保存）（macOS）或单击应用程序窗口左上角的菜单图标（☰），然后选择 Save（Windows）。

5.5.2　将对象彼此对齐

用户还可以将对象彼此对齐。例如，如果需要水平对齐一系列肖像图片，这可能非常有用。接下来，将在 Detail 画板上对齐一些图标，并创建一些文本。

1. 按 Command + 0（macOS）或 Ctrl + 0（Windows）组合键查看文档中的所有内容。

2. 如果未选中任何内容，则在"图层"面板中双击 Pasteboard，查看不在画板上的内容的列表。单击 Path（路径）对象，按住 Shift 键并单击 Group（组）对象以选择 Path、Group 和 Wave 对象。现在这 3 个图标应该在文档窗口中被选中，如图 5.32 所示。

图 5.32

3. 选择 Edit（编辑）>Cut（剪切）（macOS），或按 Command + X（macOS）或 Ctrl + X（Windows）组合键。

4. 单击选择 Detail 画板顶部的冲浪者图像，按 Command + 3（macOS）或 Ctrl + 3（Windows）组合键放大。

5. 右键单击所选图像并选择粘贴（Paste）。将图标一次一个地拖到 Layout 网格最右侧列右边的位置（见图 5.33）。智能参考线将帮助用户调整图标。

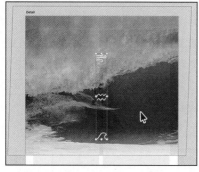 

图 5.33

> **Xd** 注意：Path 和 Group 对象的名称可能不同——它们可能有不同的编号，这没关系，只要选择这 3 个白色图标即可。

> **Xd** 注意：稍后在课程中将把 wave 图标（〰）拖到另一个画板上。

> **Xd** 提示：如果您发现智能参考线（Smart Guide）没用，则可以按 Command（macOS）或 Ctrl（Windows）键并拖动。该键将暂时禁用智能参考线（Smart Guide）。

现在，将为两个图标添加描述符文本。

6. 选择 Text（文本）工具并单击图标左侧，并输入"5 ENE"。文字的格式可能与图 5.34 中的不同。

7. 按 Esc 键选择文字对象。在属性检查器的 Text（文本）部分中，更改以下内容：

- 字体：Helvetica Neue（macOS）或 Segoe UI（Windows）（或类似）。
- 字号：14。
- 字体权重：粗体（如果尚未选中）。
- 单击右对齐按钮（ ）。

8. 单击属性检查器中的 Fill（填充）颜色框，打开颜色选择器。将颜色更改为白色，然后按 Esc 键隐藏颜色选择器，如图 3.35 所示。

图 5.34

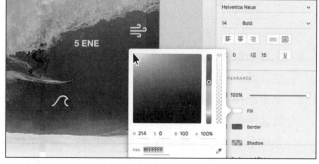

图 5.35

图 5.36

9. 如果需要，选择 Select（选择）工具（ ）并将文本拖动到 Wind（风）图标（ ）附近，如图 5.36 所示。

10. 在文本对象仍处于选中状态时，按住 Shift 键并单击 Wind（风）图标以同时选择。单击属性检查器顶部的 Align Middle（Vertical）（中间对齐（垂直））选项（ ），如图 5.37 所示。

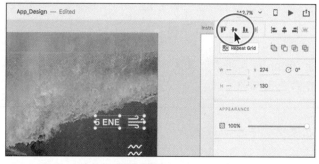

图 5.37

如果选择了多个对象，则对齐操作会使对象间彼此对齐，而不会对应画板。就像大多数应用程序一样，顶部对齐将所有选定对象与最顶层对象对齐，底部对齐则将所有选定对象与最底层对象对齐，依此类推。

11. 单击画板以外区域，取消选择两个对象。

12. 单击选择"5 ENE"文本对象，按 Command + D（macOS）或 Ctrl + D（Windows）组合键在原件顶部创建副本。

13. 按住 Shift 键单击波浪线图标（≈），然后单击属性检查器顶部的 Align Middle（Vertically）（中间对齐（垂直））选项（▮▮），如图 5.38 所示。

在此案例中，两个对象将垂直移动并在中间相遇。

14. 按 Shift + 向下箭头两次向下移动所选内容，如图 5.39 所示。

图 5.38

图 5.39

按住 Shift 键的同时按下箭头，内容移动的速度将快10 倍。

15. 双击复制的"5 ENE"文本（波浪线旁边）并输入68，如图 5.40 所示。

5.5.3 定位图标

在本节中，将把该设计中的一系列图标拖放到 Instructor detail - Dann 画板上。然后将对齐这些图标，并分配每个之间的间距。

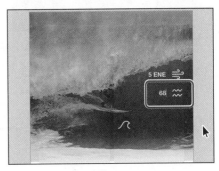

图 5.40

1. 根据需要按 Command + -（macOS）或 Ctrl + -（Windows）组合键进行缩小，直到还能看到 Instructor Detail - Dann 画板。

2. 选择 Select（选择）工具（▶）后，将在 Detail 画板上粘贴的波形图标（∿）拖到图像下方的 Instructor detail - Dann 画板上，如图 5.41 所示。

接下来的几个步骤，可能需要放大和缩小几次。

3. 单击属性检查器中的 Border（边框）颜色框，打开颜色选择器。单击颜色选择器底部先前保存的浅灰色样本以应用它，然后按 Esc 键隐藏颜色选取器，如图 5.42 所示。

4. 在属性检查器中将 X 值更改为 20，如图 5.43 所示，按 Return 或 Enter 键。

该图标将被定位于距离画板左边缘 20 像素处。

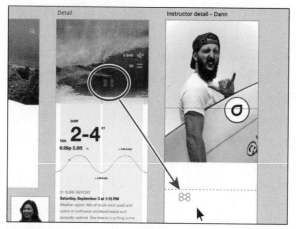

图 5.41

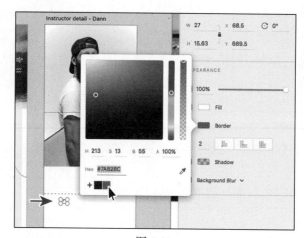

图 5.42

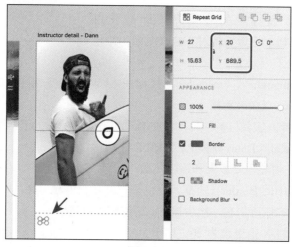

图 5.43

5. 将在第 3 课中创建的相机图标（📷）拖到 Instructor Detail - Dann 画板上，如图 5.44 所示。

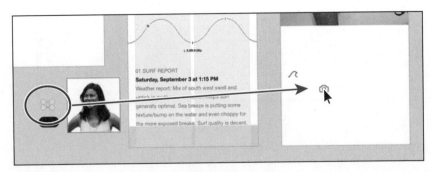

图 5.44

6. 单击画板外的空白区域，取消全部选择。

7. 双击"图层"面板中名为 Icons 的画板左侧的画板图标（🗋），查看画板内容。

8. 拖动 Icons 画板上的时钟图标（🕐）和美元符号图标（💲），将它们都选中，如图 5.45 所示。

9. 按 Command + X（macOS）或 Ctrl + X（Windows）组合键剪切内容。

10. 按 Command + 0（macOS）或 Ctrl + 0（Windows）组合键查看所有画板。放大到 Instructor Detail - Dann 画板的底部。

11. 右键单击 Instructor Detail - Dann 画板的底部，然后选择 Paste（粘贴）。将图标拖动到如图 5.46 所示的相同顺序。

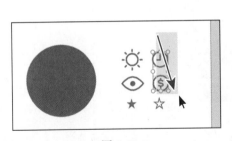

图 5.45

图 5.46

> **提示**：还可以重新打开 Instructor Detail - Dann 画板的布局网格，并将图标对齐到网格中第一列的左边缘。

12. 拖动选中所有 4 个图标。单击 Align Middle（Vertically）（中间对齐（垂直））选项（▉）来对齐它们，如图 5.47 所示。

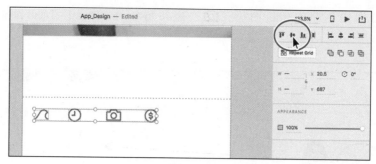

图 5.47

5.5.4　完成图标

设置好图标位置后，接下来将让图标彼此对齐并分配它们之间的间距，然后在每个图标下面添加文本并完成它们。

1. 选择 Text(文本)工具（T）并单击画板的空白区域，输入 PRO。按 Esc 键选择输入的对象。
2. 在属性检查器的 Text（文本）区域中，更改以下内容。
- 字体：Helvetica Neue（macOS）或 Segoe UI（Windows）（或类似）。
- 字号：12。
- 字体权重：粗体。
- 单击中间对齐（Center Align）按钮（ ☰ ）。
- 行距：15。
3. 单击属性检查器中的 Fill（填充）颜色框，打开颜色选择器。将颜色更改为较浅的灰色，然后按 Esc 键隐藏颜色选择器，如图 5.48 所示。

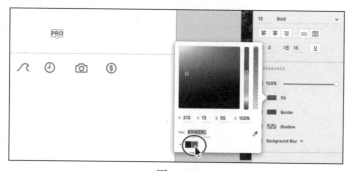

图 5.48

Xd　│　**注意**：文本可能为白色，因此在输入文本时可能无法看到文本。

4. 选择 Select（选择）工具（▶），然后拖动文本到波形图标（∿）的下方。按住 Shift 键单击波形图标，选择文字和图标。单击属性检查器顶部的 Align Center（Horizontally）（中间对齐（水平）选项（♣），如图 5.49 所示。

图 5.49

5. 单击空白区域取消选择内容。

6. 按住 Option 键并拖动（macOS）或按住 Alt 键并拖动（Windows）PRO 文本对象，将其拖动到右侧的 next 图标下方。当智能参考线出现时，表示它与原始文本对齐并与下一个图标居中对齐时，释放鼠标左键。为最后两个图标进行同样的操作。请参阅图 5.50 获取帮助。

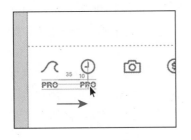 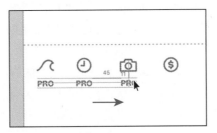 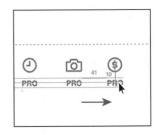

图 5.50

7. 双击每个文本对象，并分别将文本更改为 DAY、YES 和 $ 100，如图 5.51 所示。

8. 拖动波形图标（∿）及其下方的文本对象，然后按 Command + G（macOS）或 Ctrl + G（Windows）组合键将它们分组。为 4 个图标中的每一个执行此操作，如图 5.52 所示。

图 5.51

Xd **注意：** 用户可以选择下方的每个图标和文字，并通过单击属性检查器中的居中（水平）按钮对齐它们。

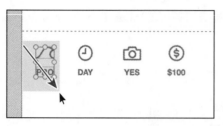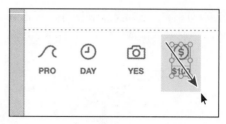

图 5.52

Xd 注意：将文字更改为 $ 100 后，文字可能不再与其上方的图标对齐。用户可以按 Esc 键选择文本对象，然后按向左或向右箭头键将其对齐。

Xd 注意：此图只显示了分组的第一个以及最后一个图标和文字。

5.5.5 分布对象

分布对象可以选择多个对象并平均分配这些对象中心之间的间距。接下来，将定位并分布刚刚工作的图标。

1. 选择 Select（选择）工具（▶）后，按 Shift + Command +'（macOS）或 Shift + Ctrl +'（Windows）组合键在画板上显示布局网格。

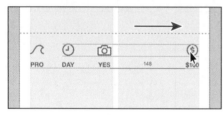

图 5.53

2. 选中最右侧的图标组（包含文本 "$ 100"），按住 Shift 键将该组拖到布局网格中最右侧的列的右侧边缘，如图 5.53 所示。

3. 单击以选择最左侧的图标组（包含文本 PRO），并确保属性检查器中的 X 值为 20，如图 5.54 所示。用户也可以拖动所选图标组，使其左边缘与布局网格的左边缘对齐。

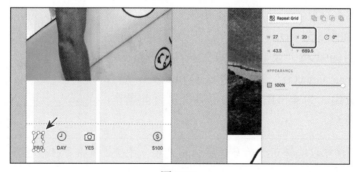

图 5.54

4. 拖动选中所有 4 个图标组。单击属性检查器顶部的 Distribute Horizontally（水平分布）选项（▥），如图 5.55 所示。

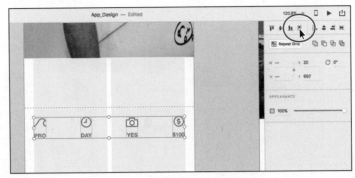

图 5.55

分布会移动所有选定的形状，使它们的中心之间的间距相等。

5. 按 Command + G（macOS）或 Ctrl + G（Windows）组合键将它们组合在一起。

5.5.6 对齐和分布画板

当使用画板时，可能会拖动它们来更好地组织设计。用户可能需要在具有一系列画板的应用中创建用户流。在 Adobe XD 中，可以轻松对齐画板并将其分布，就像对对象的操作一样。这可以使画板在视觉上更有组织性。首先，先分布主要画板，然后将一个画板与另一个画板对齐。

1. 按 Command + 0（macOS）或 Ctrl + 0（Windows）组合键，查看文档中的所有内容。

2. 选择 Select（选择）工具（▶）后，将文档窗口中的 Home 画板名称向左拖动一点。确保它保持与右侧画板垂直对齐。如果对齐，水平智能引导将出现，如图 5.56 所示。

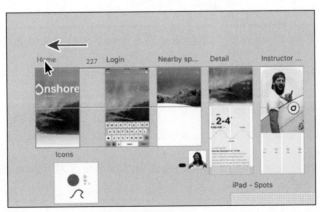

图 5.56

这将会在家用画板和 Login 画板之间留出更多空间。稍后可以添加更多的画板，并希望间距相同，或者需要更多或更少的画板间距。

3. 从 Home 画板的左上角开始，在 Home、Login、Nearby Spots、Detail 以及 Instructor Detail -

Dann 画板上拖动鼠标，以确保包含至少一个画板，如图 5.57 所示。

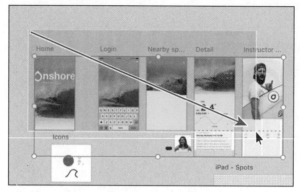

图 5.57

现在所有顶级画板应该被选中。

4. 单击属性检查器顶部的"水平分布"选项（⊪），如图 5.58 所示。

图 5.58

 **注意**：当内容位于画板上时，不能通过在画板的界限内单击以选中它。用户将在画板上选择内容。

提示：也可以按住 Shift 键并单击一系列画板名称，可根据需要选择多个画板。

注意：不要选中 Icons 画板。如果已经选中了该画板，可以再次尝试，如果选中了所有的画板，可按住 Shift 键单击画板名称，取消选中。

所有画板之间的间隔现在已均匀分布。

5. 在"图层"面板中，单击 Home 画板的名称，然后按住 Command（macOS）或 Ctrl（Windows）键并单击 Icons 画板名称，同时选中这两个画板。图 6.59 中的箭头正指向它们。

6. 单击属性检查器顶部的左对齐（Align Left）选项（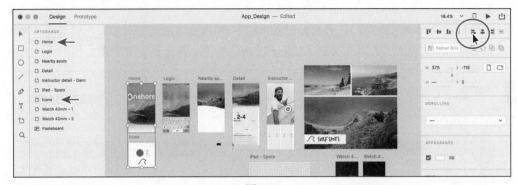），如图 5.59 所示。

图 5.59

　　就像对齐对象一样，当选择一系列画板并选择"左对齐"时，画板的左边与最左边的画板的左边对齐，依此类推。

7. 单击灰色粘贴板的空白区域，取消选择画板。

　　对齐画板时，不在画板上的内容（在粘贴板上）不会移动。用户可能会发现 Alnie 的图像以及可能的圆角按钮（都位于 Detail 画板的底部，左边缘）被部分隐藏，因为它们现在可能与画板相关联。

8. 如果需要，将 Alnie 的图像和按钮从 Detail 画板上拖离，以使它们不再与其关联，如图 5.60 所示。

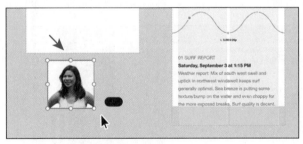

图 5.60

9. 选择 File（文件）>Save（保存）（macOS）或单击应用程序窗口左上角的菜单图标（≡），然后选择 Save（Windows）。

5.6　精确定位对象

　　直到目前的课程为止，用户已经对对象进行了粗略的定位。但是，如果需要提高精度，Adobe XD 有办法完成它。这包括使用智能参考线进行间隔和对齐，以及使用属性检查器中的位置值。

5.6.1　与智能参考线对齐

　　首先，将添加一些文字，然后为评分系统添加一系列明星，并使用智能参考线确保内容准确对齐。

1. 放大到 Instructor Detail - Dann 画板的底部。
2. 选择 Text(文本)工具（T），并将指针放在带有 PRO 文本的图标上方。出现智能参考线时，表明它与左边缘对齐，单击并输入 Dann Petty。按 Esc 键选择文字对象，如图 5.61 所示。

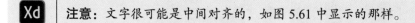

注意：文字很可能是中间对齐的，如图 5.61 中显示的那样。

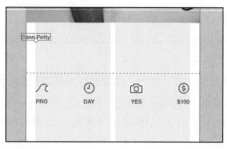

图 5.61

3. 将字体大小更改为 40，单击左对齐（▤）选项，确保字体为粗体，并在属性检查器中将字符间距更改为 15。
4. 单击属性检查器中的 Fill（填充）颜色框，打开颜色选择器。单击颜色选择器底部先前保存的深蓝色样本以应用它，然后按 Esc 键隐藏颜色选择器，如图 5.62 所示。

图 5.62

5. 选择 Select（选择）工具（▶）并拖动文本对象，使其左边缘与布局网格中第一列的左边缘对齐。按住 Option（macOS）或 Alt（Windows）键拖动文本对象，如图 5.63 所示。智能参考线表明它与原稿对齐。释放鼠标左键，然后释放按键。
6. 在属性检查器中将新文本的字体大小更改为 16。
7. 双击文本以将其选中，然后输入 "Encinitas，CA"。

图 5.63

8. 按 Esc 键选择文字对象。选择 Select（选择）工具
   （▶）后，将"Encinitas，CA"文本对象拉近"Dann
   Petty"文本。单击"Dann Petty"文本对象，然后按
   向左箭头几次以将其移动。尝试将 Dann 中的 D 与
   Encinitas 中的 E 对齐，如图 5.64 所示。

   使用箭头键移动内容时，智能参考线会指示何时对齐。

9. 选择 File（文件）>Save（保存）（macOS）或单击
   应用程序窗口左上角的菜单图标（☰），然后选择
   Save（Windows）。

图 5.64

5.6.2　使用智能参考线设置间隙距离

当拖动对象来对齐内容时，如果对象之间的距离相同，智能参考线将出现在对象之间。这被
称为间隙距离。这是一种确保内容间隔均等而不必分布内容的快速、直观的方式。本节将通过复
制星标并确保副本之间的距离相同来创建星级评分。

1. 按 Command + 0（macOS）或 Ctrl + 0（Windows）组合键查看所有内容。

2. 选择 Select(选择）工具（▶）后，放大 Icons 画板，
   以便在画板上看到星形图标。

3. 在 Icons 画板上选择纯黄色星形图标，然后按
   Command + C（macOS）或 Ctrl + C（Windows）
   组合键将其复制，如图 5.65 所示。

4. 使用任意方法缩小，以便可以看到 Instructor detail -
   Dann 画板。

5. 放大到 Instructor Detail - Dann 画板的底部，按
   Command + V（macOS）或 Ctrl + V（Windows）
   组合键粘贴星形。

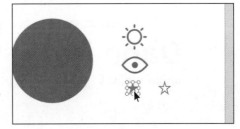

图 5.65

6. 拖动"Encinitas，CA"文本下面的星形，如图 5.66 所示。智能参考线出现在左侧边缘时，
   表示其左侧边缘与文本的左侧边缘对齐，松开鼠标左键。

下一步，需要进一步放大到星形。

7. 按住 Option（macOS）或 Alt（Windows）键将星形拖到右侧。当看到两颗星形之间的距离值大约为 2 时（见图 5.67），释放鼠标左键，然后释放按键。

拖动时看到的值可能与图中显示的值不一致，这没有问题。该值是智能参考线的一部分，表示从原始对象的右边缘到拖动的对象的左边缘的距离（在此案例中）。

8. 按住 Option 键拖动（macOS）或者按住 Alt 键（Windows）将新星形拖到右侧，如图 5.68 所示。这一次，会看到有一个间隙值会出现，并且当间隙是相同的值时，3 颗星之间会出现粉红色条，释放鼠标左键，然后释放按键。

图 5.66

图 5.67

Xd 提示：可以右键单击该星形并选择复制。

Xd 注意：拖动时，可能看到的间隔值不是整数。没关系，这仅表示对象宽度不是整数。

9. 按住 Option（macOS）或 Alt（Windows）键向右拖动两个星形，确保间隔相同，如图 5.69 所示。

图 5.68

图 5.69

10. 拖动选中所有的 5 颗星。右键单击其中一颗星形，然后选择 Group（组合），让星形的组合保持被选中。

5.6.3　使用智能参考线查看距离

智能参考线的另一个亮点是能够查看所选内容与其他对象或画板边缘之间的距离。例如，这可以用于快速确保几个单独的对象与其他对象的距离相同。

1. 选中星形组后，按 Option（macOS）或 Alt（Windows）键并将指针放在画板的空白区域，如图 5.70 所示。

此时将看到从星形组边缘延伸出来的 4 条粉红线，以及距画板相应边缘距离的值。这是查看选定对象距离边缘处有多远的快速方法。

2. 在按住 Option（macOS）或 Alt（Windows）键的同时，将指针放在"Encinitas，CA"文本上，如图 5.71 所示。

图 5.70

图 5.71

现在应该看到从星形组顶部延伸的一条线，其中有一个值表示从星形组到上面文本的距离。

> **Xd** 提示：在第 7 课中，将了解到重复元素的快速操作方法，称为重复网格。

3. 释放按键，然后向上或向下拖动星形组，直到智能参考线显示大约 17 的顶部间隙距离，如图 5.72 所示。

图 5.72

可能读者已经注意到了这一点，当拖动时，拖动的内容将捕捉到像素网格。

4. 拖动 Dann Petty 文本、Encinitas CA 文本和星形，将它们全部选中。按 Command + G（macOS）或 Ctrl + G（Windows）组合键将它们组合。

5. 按 Command + 0（macOS）或 Ctrl + 0（Windows）组合键查看文档中的所有内容。

6. 在灰色粘贴板的空白区域并单击，取消选择内容。

7. 选择 File（文件）>Save（保存）（macOS）或单击应用程序窗口左上角的菜单图标（☰），然后选择 Save（Windows），结果如图 5.73 所示。

8. 如果打算跳到下一课学习，可以打开 App_Design.xd 文件。否则，选择 File（文件）>Close（关闭）（macOS），或者单击每个打开文档的右上角（Windows）中的 X（关闭）按钮。

图 5.73

5.7 复习题

1. 什么是堆叠顺序？
2. 在"图层"面板的哪个图层上可以找到粘贴板上的内容？
3. 重新排序画板对文档有什么影响？
4. 如何在不取消分组的情况下编辑组内的内容？
5. 描述如何在不拖动内容时显示对象之间的距离测量结果。

5.8 复习题答案

1. 堆叠顺序决定了对象在重叠时如何显示。用户可以随时使用"图层"面板或"排列"命令更改图稿中对象的堆叠顺序。
2. 如果设计内容不在画板上（即它不在画板上），则会出现粘贴板。
3. 在"图层"面板中重新排列画板会影响画板。如果在设计中重叠（而不是它们的位置（X 坐标和 Y 坐标）时的堆叠方式。改变画板的顺序可能对于组织设计很有用，而在"图层"面板中更改画板内的内容排序与使用布局命令的效果相同。
4. 为了在不取消组合的情况下编辑组内的内容，可通过双击组来选择组内的内容，从"图层"面板中选择内容，或者在组内部按住 Ctrl 键并单击（Windows）内容。
5. 为了显示物体之间的距离测量值，并选择了内容，按 Option（macOS）或 Alt（Windows）键并将指针放在其他内容上。

第6课　使用资源和创意云库

课程概述

本课介绍的内容包括：
- 了解资源面板；
- 将颜色添加到"资源"面板并重新使用和编辑；
- 保存和编辑字符样式；
- 使用元件；
- 使用 Creative Cloud 库。

本课程大约需要 45 分钟完成。开始之前，请先将本书的课程资源下载到本地硬盘中，并进行解压。在学习本课时，将覆盖相应的课程文件。建议先做好原始课程文件的备份工作，以免后期用到这些原始文件时，还需重新下载。

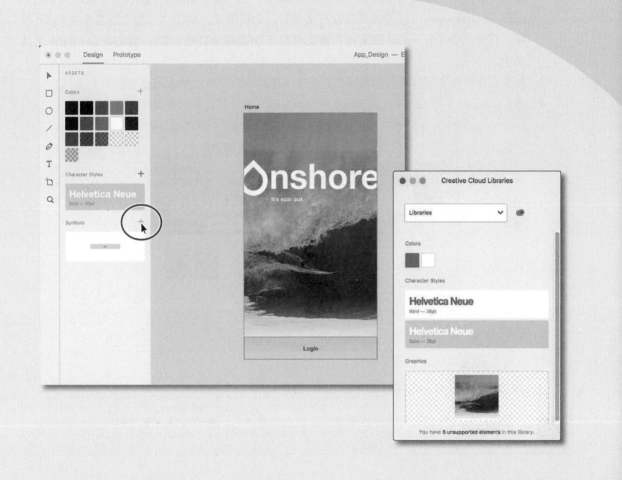

在本课中，将了解到各种有用的概念，以便在 Adobe XD 中更智能、快捷地工作，其中包括在"资源"面板中保存颜色、字符样式和元件；使用创意云库（Creative Cloud Library）从其他 Adobe 应用程序中提取可用于 Adobe XD 的设计资源。

6.1 开始课程

在本课中，将介绍在"资源"面板中保存内容，并使用创意云库进行智能的工作。首先，打开一个完成的课程文件，以了解本课创建的内容。

1. 打开 Adobe XD CC。

2. 在 macOS 上，选择 File（文件）>Open（打开），或者如果"开始"屏幕没有打开任何文件，单击"开始"屏幕中的 Open 按钮。在 Windows 上，单击应用程序窗口左上角的菜单图标（☰）并选择 Open，或者如果在没有文件打开的情况下，单击"开始"屏幕中的 Open 按钮，打开名为 L6_end.xd 的文件，该文件位于您课程文件夹中的 Lessons> Lesson06 文件夹中。

3. 如果在应用程序窗口的底部看到有关丢失字体的消息，可以单击消息右侧的 X 关闭它。

4. 按 Command + 0（macOS）或 Ctrl + 0（Windows）组合键查看所有设计内容，如图 6.1 所示。

图 6.1

这个文件只是为了展示本课结束时创建的内容。

注意：如果尚未将本课程的项目文件下载到计算机，请务必立即执行此操作。具体可以参阅本书的"前言"。

6.2 使用"资源"面板管理资源

用户可以使用"资源"面板来保存和管理项目资源，包括颜色、字符样式和元件。"资源"面板中的内容（如颜色）可为用户节省大量时间。例如，可以编辑保存的颜色，则设计中任何应用了该颜色的位置均会进行更新。每个项目文件都有自己的一组资源，在编写本文时，尚不能支持在项目之间共享。

1. 选择 File（文件）>Open（打开）（macOS）或单击应用程序窗口左上角的菜单图标（☰），

然后选择 Open（Windows），打开 Lessons 文件夹中的 App_Design.xd 文档（或保存它的位置）。

2. 按 Command + 0（macOS）或 Ctrl + 0（Windows）组合键查看所有内容。

3. 单击应用程序窗口左下角的 Assets（资源）面板图标（ ），显示"资源"面板，如图 6.2 所示。

图 6.2

默认情况下，"资源"面板为空。用户可以通过选择所有画板、从各种类型的选择（组、单个元素、文本、特殊组、多个选择）或从整个文档中将颜色、字符样式和元件添加到"资源"面板。在阅读本节时，用户将了解这些类型的资源，并了解如何使用它们来节省时间和精力。

6.2.1　保存颜色

接下来将从保存创建的自定义颜色开始使用"资源"面板。在"资源"面板中保存颜色与在 Adobe Illustrator 等其他 Adobe 应用程序中的文档中保存颜色类似。在"资源"面板中保存颜色并将其应用于设计内容后，如果稍后再编辑颜色，则相应的颜色的内容将同时更新。

1. 在应用程序窗口左侧显示 Assets（资源）面板时，按 Command + Y（macOS）或 Ctrl + Y（Windows）组合键显示图层（Layers）面板。

> **注意**：如果使用"前言"中描述的跳转方法从头开始，则从 Lessons> Lesson06 文件夹中打开 L6_start.xd。

> **提示**：可以通过按 Command + Shift + Y（macOS）或 Ctrl + Shift + Y（Windows）组合键来打开和关闭 Assets（资源）面板。

2. 双击"图层"面板中画板名称 Icons 左侧的画板图标（□），使画板适合文档窗口，如图 6.3 所示。

3. 选择 Select（选择）工具（▶）后，右键单击 Icons 画板上的灰色圆圈，然后从上下文菜单中选择 Add Color（添加颜色），如图 6.4 所示。

图 6.3

这是在"资源"面板中保存与内容相关的任何颜色的一种方法。由于此圆圈只有填充颜色且没有边框颜色，因此只有填充颜色将作为资源保存。如果该圆圈被分配了边框颜色，该颜色也会被添加到"资源"面板。

4. 单击应用程序窗口左下角的 Assets（资源）面板图标（ ），以显示"资源"面板。将指针移到灰色色板上，查看显示颜色值的提示信息（在此案例中为 #7A828C，如图 6.5 所示）。

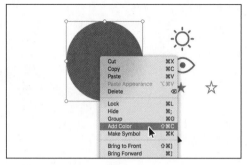

图 6.4

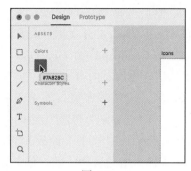

图 6.5

5. 拖动鼠标以选择波形。单击"资源"面板的 Colors（颜色）部分中的加号（+）可保存应用于所选内容的任何颜色，如图 6.6 所示。

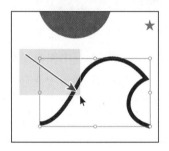 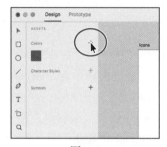 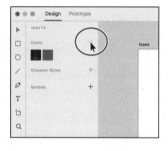

图 6.6

这是另一种在"资源"面板中保存现有颜色的方法。此时应该会在"资源"面板的"颜色"部分中看到黑色样本。

6. 按 Command + 0（macOS）或 Ctrl + 0（Windows）组合键查看所有设计内容。

7. 按 Command + A（macOS）或 Ctrl + A（Windows）组合键选择文件中的所有内容。

8. 在"资源"面板的 Colors（颜色）部分中单击加号（+）以保存应用于所选内容的所有颜色，如图 6.7 所示。

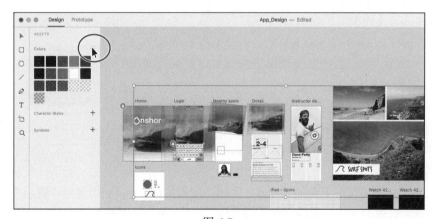

图 6.7

如您所见，此方法可捕获设计内容中的任何颜色，包括纯色填充、渐变，以及应用 Alpha 透明度的填充或渐变。保存的渐变总是在列表中最后排序或排序。

9. 按 Command + S（macOS）或 Ctrl + S（Windows）组合键保存文件。

6.2.2 编辑已保存的颜色

在"资源"面板中保存颜色可能有一些原因，包括保持颜色的准确性和一致性，以及节省时间。接下来，将看到如何编辑在"资源"面板中保存为色板的颜色，并查看对项目中设计内容的影响。

1. 使用任意方法放大 Icons 画板。

2. 单击粘贴板的空白区域，取消选择所有内容。

3. 拖动鼠标以再次选择波形。单击 Assets（资源）面板中的工具提示为 #7A828C 的灰色色板，将其应用，如图 6.8 所示。此时需要将指针移到每个样本上才能看到工具提示。

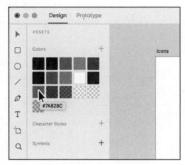

图 6.8

> **XD** **注意：** 用户在"资源"面板中看到的颜色列表可能与当前在图中看到的不匹配，这没有关系。

注意，单击色板后，灰色似乎不会应用于波形。如果在右侧的属性检查器中查看，则会看到灰色实际上应用于形状填充，但填充当前未处于活动状态（已打开），如图 6.9 所示。接下来，将把颜色应用于形状的边框，而不是填充。

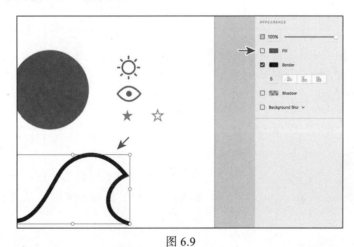

图 6.9

4. 右键单击"资源"面板中的同一灰色色板，然后选择 Apply As Border（应用为边框）将颜色应用于所选定波形的边框，如图 6.10 所示。

5. 单击粘贴板中作品之外的空白区域，取消选择。

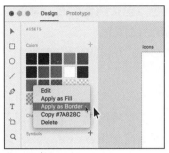
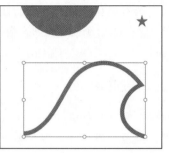

图 6.10

6. 右键单击刚刚应用到波形图稿的灰色色板，然后从菜单中选择 Edit（编辑）。将颜色值更改为 H:213，S:13，B:41 和 A:100%，如图 6.11 所示。按 Return 或 Enter 键，其中的灰色有点暗。

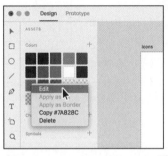
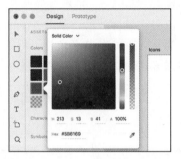

图 6.11

> **Xd** **注意**：Adobe XD 的一个更新中添加了一个选项，用于在颜色选择器中选择颜色模型。请确保从该菜单中选择 HSB。

> **Xd** **注意**：要在"资源"面板中删除色板或多个色板，请选择要删除的色板，右键单击其中一个色板，然后选择"删除"。在"资源"面板中删除颜色样本不会从文档中的内容中删除颜色。

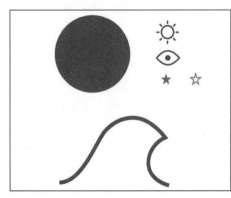

图 6.12

对于应用了相同颜色的所有作品，颜色将发生变化，结果如图 6.12 所示。

7. 单击粘贴板中作品之外的空白区域，以隐藏面板。
8. 按 Command + S（macOS） 或 Ctrl + S（Windows）组合键保存文件。

6.2.3 保存字符样式

保存颜色可以节省时间和精力，这种方法同样可以应用于文本格式。在"资源"面板中，还可以将文本格式保存为字符样式。字符样式允许用户一致地设置文本格式，这在需要全局性更新文本属性时非常有用。创建样式后，只需编辑保存的样式，然后更新用该样式格式化的所有文本。在本节中，将保存以前课程中应用的文本格式作为字符样式，以了解它们的工作方式。

图 6.13

1. 按 Command + 0（macOS）或 Ctrl + 0（Windows）组合键查看所有设计内容。

2. 放大 Nearby Spots 和 Detail 画板，以便可以同时看到它们。

3. 在工具栏中选择 Text（文本）工具（T），然后单击，向 Nearby Spots 画板的顶部添加一些文字。输入 Onshore。按 Esc 键选择文字对象，如图 6.13 所示。

> **注意**：图中的文字很难看清，而且外观可能会有所不同。没关系，因为很快就会改变文本格式，使其更具可读性。

4. 在属性检查器中将字体大小更改为 50，确保字体是 Helvetica Neue（macOS）或 Segoe UI（Windows）（或类似字体），字体为 Bold，并选择 Left Align（左对齐）（▤），如图 6.14 所示。

图 6.14

5. 选中文本对象后，单击"资源"面板中 Colors（颜色）部分中的橙色色标，将颜色更改为橙色，如图 6.15 所示。

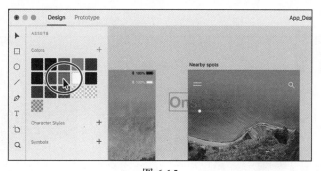

图 6.15

图 6.16

6. 选择 Select（选择）工具（▶）并将其拖动到在图 6.16 中看到的位置。用户可以将文本的左边缘与 hamburger 菜单图标的左边缘对齐。

7. 右键单击文本对象并选择 Copy（复制）。右键单击 Detail 画板右侧的任意位置，然后选择 Paste（粘贴）将副本粘贴到相同的相对位置，如图 6.17 所示。

8. 选中 Detail 画板上的文本对象后，单击"资源"面板中 Colors（颜色）部分中的白色色样以更改颜色，结果如图 6.18 所示。

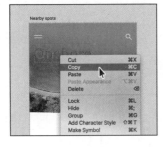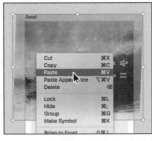

图 6.17

图 6.18

9. 双击文本以选择它，输入 Cardiff Reef，相同的文本格式需要应用到 Nearby spots 画板上的原始 Onshore 文本。为此，将 Detail 画板上的文本的格式保存为字符样式。

10. 将光标放在文本中，单击"资源"面板的 Character Style（字符样式）部分中的加号（+），如图 6.19 所示。

图 6.19

文本格式被捕获并保存为面板中的样式。注意，样式名称显示为字体名称。这里选择 Helvetica Neue 作为字体，所以大家看到的样式被命名为 Helvetica Neue。如果在前面的步骤中选择了不同的字体，这里样式名称将会不同。

11. 单击并选择 Nearby spots 画板上的 Onshore 文字对象。单击名为 Helvetica Neue 的字符样式或当前看到的字符样式名称以应用格式，如图 6.20 所示。

图 6.20

> **Xd** 提示：可以通过选择文本对象（而不是文本）将文本格式保存为字符样式。

> **Xd** 注意：字符样式不保存对齐方式（左对齐、居中或右对齐）。

> **Xd** 提示：字符样式按字母顺序排列。如果有很多名为 Helvetica Neue 的样式，则它们按字体大小排序，最大的位置最高。

如果用户提前计划，则可以在开始设计之前创建一系列字符样式，或者稍后从内容创建它们。字符样式、颜色和元件（之后的章节将介绍元件）可以用作整个设计系统的一部分，或作为稍后类似项目的起点。

6.2.4 编辑字符样式

随着字符样式的创建，接下来将编辑该样式并查看所有应用了字符样式的文本如何更改。

1. 按 Command + Shift + A（macOS）或 Ctrl + Shift + A（Windows）组合键取消全部选择。

2. 右键单击"资源"面板的 Character Styles（字符样式）部分中保存的样式，然后从出现的菜单中选择 Edit（编辑），如图 6.21 所示。

3. 在出现的菜单中将字体大小更改为 40，如图 6.22 所示，按

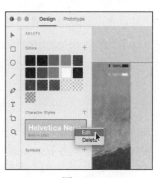

图 6.21

Return 或 Enter 键接受该值。

图 6.22

在编辑字符样式格式时，应该会看到文档中的文本发生更改。不幸的是，当将颜色应用于字符样式时，无法在编辑字符样式时从"资源"面板中选择已保存的色样。但是，可以在编辑菜单中选择吸管工具并对样本进行采样（单击）。

4. 从菜单外单击关闭它。

5. 按 Command + S（macOS）或 Ctrl + S（Windows）组合键保存文件。

> **注意**：要删除字符样式或多个字符样式，在要删除的"资源"面板中选择样式，右键单击其中一个样式，然后选择"删除"。在"资源"面板中删除字符样式不会从文档中的内容中删除格式。

6.2.5　创建元件

保存颜色和字体样式是一个很好的节省时间的办法。能够保存内容——例如绘制的按钮或可重复使用的文本块，也可能会大有帮助。在"资源"面板中保存的对象可以保存为元件。元件是可以在文档中的画板上多次重复使用的对象，并且保存的元件仅可用于当前活动的文档。项目中使用的元件的所有实例都是链接的，这意味着对其中一个实例所做的任何更新都会立即反映在该元件的所有其他实例中。接下来，将把创建的按钮图稿保存为元件。

1. 选择 Select（选择）工具（▶）后，右键单击 Detail 画板底部的灰色矩形，然后选择 Cut（剪切）剪切将其从画板上剪下，如图 6.23 所示。

2. 按空格键并使用 Hand（手形）工具拖动并查看左侧的 Home 画板。用户还可以缩小和放大 Home 画板，或者，如果使用带触控板的笔记本电脑或使用魔术鼠标，则可以双指轻扫，在粘贴板上平移。

3. 右键单击 Home 画板中的任意位置，然后选择 Paste（粘贴），如图 6.24 所示。这个矩形将为创建的按钮提供形状。

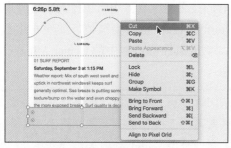

图 6.23

图 6.24

4. 将矩形向下拖动到画板的底部，如图 6.25 所示。

5. 选择工具栏中的 Text（文本）工具（**T**），然后在画板底部的灰色按钮内单击，输入 Login，如图 6.26 所示。

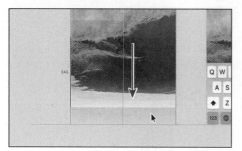

图 6.25

图 6.26

6. 通过在文本上拖动或单击几次来选择新文本。在"资源"面板中单击名为 Helvetica Neue 的字符样式（或任何您看到的）以应用格式，如图 6.27 所示。

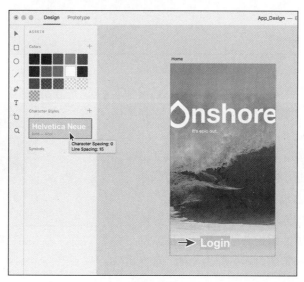

图 6.27

图 6.28

7. 选中文本后，在属性检查器中将字体大小更改为 16，然后按 Return 或 Enter 键接受该值，如图 6.28 所示。如有必要，单击属性检查器中的 Center Align（中间对齐）按钮（☰）。

> 提示：将鼠标指针移到"资源"面板中的字符样式名称上会显示一个工具提示，其中显示了在缩略图中看不到的其他样式属性，如行间距。

8. 单击资源面板中工具提示显示为 #5B6169 的深灰色色样，以更改文本的颜色，如图 6.29 所示。

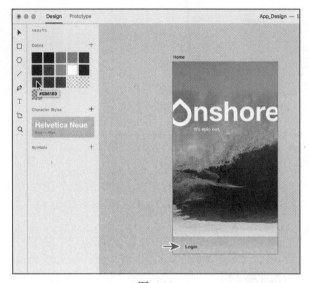

图 6.29

当编辑应用了字符样式的文本的格式时，字符样式不再应用于该文本。所以如果更新字符样式，它将不会对该文本产生任何影响。

9. 选择 Select（选择）工具（▶）后，将 Login 文本对象拖入按钮形状的中心，如图 6.30 所示。智能参考线的出现有助于将文本对齐按钮。

10. 按住 Shift 键单击按钮形状以选择文本对象和形状，单击"资源"面板 Symbols（元件）部分中的加号（+）将选定的内容另存为元件，如图 6.31 所示。

图 6.30

图 6.31

　　注意，将内容保存为元件后，在"资源"面板的"元件"部分中会看到按钮内容，文档中元件内容周围的边框将变为绿色。Home 画板上的按钮内容现在是按钮元件的一个实例。

6.2.6　编辑元件

　　将内容保存为元件的一个原因是这样能够轻松地重用内容，另一个原因是可以轻松地更新内容。接下来，将重新使用另一个画板上的按钮元件，然后编辑该元件并查看变化情况。

1. 如果在文档窗口中看不到 Login 画板，则可以按 Command + "–"（macOS）或 Ctrl + "–"（Windows）组合键缩小。
2. 将按钮元件从"资源"面板的 Symbols（元件）部分拖到 Login 画板上，如图 6.32 所示。

图 6.32

Xd　　**提示**：可以通过右键单击所选内容，并从菜单中选择 Make Symbol（制作元件）来将内容另存为元件。

提示：还可以在画板中复制和粘贴元件实例，或从一个画板复制并粘贴到另一个画板。

图 6.33

3. 将元件实例拖动到键盘上方的位置。当与画板中间对齐并与键盘顶部对齐时，智能参考线将出现，如图 6.33 所示。

4. 在元件实例中的任意位置双击，进入元件编辑模式。该元件应该有一个更厚的边框。

5. 如果尚未选中，单击选择矩形按钮。单击"资源"面板 Colors（颜色）部分中的白色将其应用于填充，如图 6.34 所示。

图 6.34

当更改形状的颜色填充时，应该会在 Home 画板上的元件实例以及"资源"面板中的原始元件中看到其自动更改。用户可以更改样式、大小、阴影和 / 或对象在元件中的位置，并查看所有链接实例中反映的这些更改。

6. 双击 Login 画板上的 Login 文本并选择它（而不是对象）。将文本更改为 Continue，如图 6.35 所示。按 Esc 键选择文字对象。

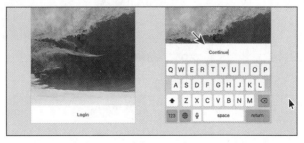

图 6.35

用户可以编辑元件实例中的文本，而其他元件实例不会更新。如果有一系列具有相同外观但不同文本的按钮（如本例中），这将非常有用。

7. 右键单击按钮元件实例，在出现的菜单中，将看到命令 Update All Symbols（更新所有元件），如图 6.36 所示。不要选择它！

如果想要更新所有按钮实例中的文本，则 Update All Symbols（更新所有元件）选项很有用。

图 6.36

8. 单击画板外的空白区域以取消选择。

9. 按 Command + S（macOS）或 Ctrl + S（Windows）组合键保存文件。

6.2.7 打破对元件的链接

有时需要将某个元件实例的外观进行更改。例如，对于创建的按钮元件，也许需要其中的一个按钮是另一种颜色。如果更改其中一个实例，则它们都会更改。接下来，将了解如何断开其中一个实例的链接，以便在不影响其余部分的情况下对其进行编辑。

1. 确保可以看到 Login 和 Nearby Spots 画板。按 Command + "-"（macOS）或 Ctrl + "-"（Windows）组合键缩小画板。

2. 单击 Login 画板上的按钮元件实例，然后按住 Option（macOS）或 Alt（Windows）键将其拖动到 Nearby spots 画板的底部。当它到位时，释放鼠标左键，然后释放按键，结果如图 6.37 所示。

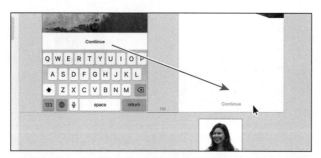

图 6.37

3. 单击属性检查器中的 Align Bottom（对齐底部）选项（▐▋）和 Align Center（Horizontal）（对齐中心（水平））选项（♣），将按钮与画板的底部中间对齐，如图 6.38 所示。

4. 按 Command + 3（macOS）或 Ctrl + 3（Windows）组合键放大按钮。

5. 右键单击按钮元件实例并选择 Ungroup Symbol（取消组合元件），如图 6.39 所示。

内容不再是元件实例的一部分，并且在没有影响按钮元件实例的编辑的情况下是完全可编辑的。

6. 远离按钮内容单击按钮以取消全部选择，然后单击白色矩形按钮将其选中。在"资源"面板的 Colors（颜色）部分中，单击以将某种灰色应用于填充。

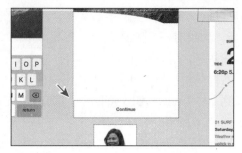

图 6.38

图 6.39

7. 单击属性检查器中的 Fill（填充）颜色框，并通过在 Alpha 字段中拖动或在 A 字段中输入入 20%，以将 Alpha 值更改为 20%，如图 6.40 所示。

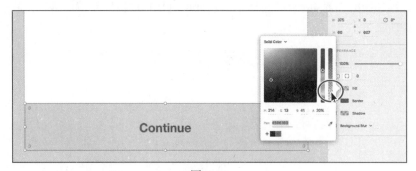

图 6.40

8. 双击 Continue 文本并输入 Load All，如图 6.41 所示。按 Esc 键选择输入对象，而不要选择文本。

图 6.41

9. 按住 Shift 键并单击灰色按钮形状以选择它和文本。按 Command + K（macOS）或 Ctrl + K（Windows）组合键将内容另存为"资源"面板中的其他元件，如图 6.42 所示。

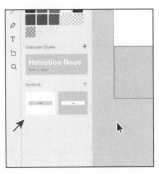

Command + K（macOS）或 Ctrl + K（Windows）组合键快捷方式只是将内容另存为元件的一种更快捷的方式，以及可以用来加快设计工作流程的方法。现在应该在"资源"面板中看到第二个按钮元件。

10. 选择 Select（选择）工具（▶）后，单击粘贴板的空白区域以取消全部选择。

11. 按 Command + S（macOS）或 Ctrl + S（Windows）组合键保存文件。

图 6.42

元件中的图像

导入的图像（如 PNG 或 JPEG）将嵌入文档中。这意味着如果将图像导入到 Adobe XD 中，然后在 Adobe Photoshop 等程序中对其进行编辑，则图像将不会在 Adobe XD 中更新。这也意味着，如果想在 Home 和 Login 画板上替换冲浪者的背景图像，则需要将替换图像从桌面拖到每张图像上，一次一个。

用户可以实现以下内容。

- 将放置的图像转换为元件。
- 根据需要在设计中创建图像元件的副本（实例）。
- 将替换图像从桌面拖放到元件实例中的某个图像上，如图 6.43 所示。
- 右键单击任何元件实例，然后选择 Update All Symbols（更新所有元件），更新每个元件实例中的图像，如图 6.44 所示。

图 6.43

图 6.44

注意：从 Creative Cloud Libraries 面板拖动的图形（将在稍后部分中介绍）的情况会有所不同。它们默认是链接资源。当创意云库中的图形被修改时，XD 文件中该图形的所有实例都将更新为最新版本。

6.2.8　完成元件

本节将把 Login 画板顶部的状态栏内容转换为元件，并将其添加到其他画板。您会发现，将内容保存为元件是在 Adobe XD 中对内容进行重用、构建内容库（不要与将在下一节中了解的创意云库相混淆）等的最佳方法。

1. 按 Command + 0（macOS）或 Ctrl + 0（Windows）组合键查看所有内容。
2. 放大到 Login 画板。
3. 选择 Select（选择）工具（▶）后，将黑色状态栏从 Login 画板上向上拖动到粘贴板上，如图 6.45 所示。
4. 单击白色状态栏，然后按 Command + K（macOS）或 Ctrl + K（Windows）组合键从中创建一个元件。
5. 如果有需要，将新元件实例拖放到 Login 画板上，如图 6.46 所示。

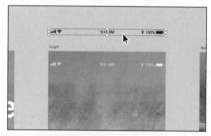

图 6.45

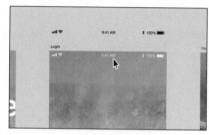

图 6.46

现在，将复制元件并将其粘贴到多个画板上。

6. 按 Command + C（macOS）或 Ctrl + C（Windows）组合键复制元件实例。
7. 按 Command + 0（macOS）或 Ctrl + 0（Windows）组合键查看所有内容。
8. 单击 Home 画板，然后按 Command + V（macOS）或 Ctrl + V（Windows）组合键将元件实例粘贴到画板上相同的相对位置。
9. 单击 Nearby spots 画板，然后按 Command + V（macOS）或 Ctrl + V（Windows）组合键，然后在 Detail 画板中单击并按 Command + V（macOS）组合键或 Ctrl + V（Windows）组合键，如图 6.47 所示。

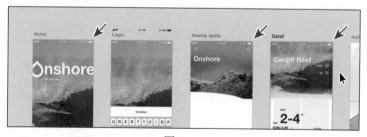

图 6.47

　　注意：*如果直接向上拖动状态栏，则会出现垂直智能参考线，使其与白色状态栏对齐。*

提示：状态内容的黑色版本适用于内容较浅的屏幕（例如 Detail 画板），因此可以更轻松地看到它。

6.3 使用创意云库

Creative Cloud Library（创意云库）是创建并在各种 Adobe 应用程序（如 Adobe XD、Adobe Photoshop CC、Adobe Illustrator CC、Adobe InDesign CC 等，以及某些 Adobe APP）之间共享存储内容（如图像、颜色、字符样式、Adobe Stock 资源和 Creative Cloud Market 资源）的便捷方式。

Creative Cloud Library 连接到用户的素材配置文件，并可以应用素材资源。在 Illustrator、Photoshop 或 InDesign 中创建内容（目前不适用于在 Adobe XD 中创建的内容），然后将其保存到 Creative Cloud Library 中时，该资源可用于所有 XD 项目文件。这些资源会自动同步，并可与具有 Creative Cloud 账户的任何人共享。由于素材团队人员可以在 Adobe 桌面和移动应用上工作，因此共享库资源需始终处于最新状态，随时随地都可以使用。

在本节中，将学习创意云库并在项目中使用它们。

6.3.1 将资源添加到创意云库

首先是学习如何使用 Adobe XD 中的 Creative Cloud Libraries 面板，并使用 Creative Cloud Library 中的资源。目前，无法从 Adobe XD 内将内容添加到创意云库。这在之后的 Adobe XD 发布中很可能会发生变化。因此，本节将在 Adobe Photoshop CC 中打开一个文件，并将内容添加到 Libraries（库）面板中，然后可以在 Adobe XD 中使用该面板。

注意：如果计算机上没有安装 Photoshop CC，或者无法访问创意云库，则可以跳到 6.3.2 节学习。

1. 选择 File（文件）>Open CC Libraries（打开创意云库）（macOS），或单击应用程序窗口左上角的菜单图标（☰），然后选择 Open CC Libraries（Windows），打开 Creative Cloud Libraries（创意云库）面板，如图 6.48 所示。

当开始使用 Adobe XD 中的创意云库时，可以使用一个名为 My Library 的库。用户可以在 Adobe 应用程序（如 Illustrator 或 Photoshop）中创建其他库，然后可以在 Adobe XD 中访问这些库；目前无法在 XD 中创建它们。

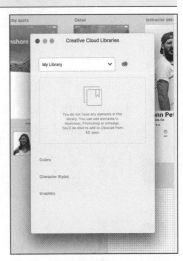

图 6.48

注意：为了使用 Creative Cloud Library，需要使用 Adobe ID 登录并连接互联网。

2. 打开 Adobe Photoshop CC。

3. 在 Adobe Photoshop 中，选取 File（文件）>Open（打开）。在打开的对话框中，导航到 Lessons> Lesson06 文件夹，然后选择硬盘上的 Libraries.psd 文件，单击 Open 按钮。
该文件包含 XD 中应用程序设计的登录屏幕中的一些元素。

4. 选择 Window（窗口）>Workspace（工作区）>Essentials（Defalut）（基本（默认））（如果尚未选择），然后选择 Window（窗口）>Workspace（工作区）>Reset Essentials（重置基本工作区）。

5. 选择 View（视图）>Fit On Screen（按屏幕大小缩放）查看文档中的两个画板。

6. 如果窗格未打开，则选择 Window（窗口）>Libraries（库），打开"库"面板。Photoshop 中的"库"面板显示创意云库，如 Adobe XD 中的 Creative Cloud Libraries 面板。移到面板顶部，会看到一个选择图库的菜单，并且可能会看到选择了名为 My Library 的库。用户可以从该菜单中选择创建不同的库。现在，不要担心选择哪个库，因为即将创建一个新库。

7. 单击 Libraries（库）面板底部的 New Library From Document（从文档生成新库）按钮（），如图 6.49 所示。

图 6.49

8. 在出现的 New Library From Document 对话框中，确保选择了 Character Styles（字符样式（）、Colors（颜色）和 Smart Objects（智能对象），取消选择 Move Smart Objects To Library And Replace With Links（将智能对象移动到库并替换为链接）。单击 Create New Library（创建新库），如图 6.50 所示。

> **Xd** **注意**：如果显示缺少字体对话框，表明系统上没有 Helvetica Neue 字体，则可以选择建议的字体并单击解析字体 Resolve Font。

> **Xd** **注意**：取消选择 Move Smart Objects To Library And Replace With Links（将智能对象移动到库并用链接替换），可确保智能对象未链接到保存在新库中的图形。

图 6.50

如果查看 Libraries（库）面板，现在将在名为 Libraries 或类似名称的新库中看到打开文件中的内容，如图 6.51 所示。活动文档中的颜色、文本样式、图形等将添加到 Libraries（库）面板中的该库中。记下库名称，因为将在 Adobe XD 的 Creative Cloud Libraries 面板中选择它。

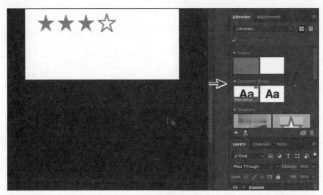

图 6.51

9. 关闭 Photoshop 并返回到 Adobe XD。

10. 回到 Adobe XD 的 Creative Cloud Libraries 面板中，从菜单中选择 Libraries，查看库中的内容，如图 6.52 所示。

在撰写本书时，在 Adobe XD 中，会看到一条消息 You Have 6 Unsupported Elements In This Library（在此库中有 6 个不支持的元素）。目前，Adobe XD 的库中不支持矢量图形；只支持颜色、文本样式和栅格图像。

 注意：通过单击 New Library From Document（从文档中创建新库）按钮从文档创建新库时，不会将非智能对象的栅格图像添加到库中。

图 6.52

6.3.2 使用创意云库字符样式

现在可以在 Adobe XD 项目中使用创意云库资源。在本节中，将应用在 Photoshop 中创建的库中的字符样式文本格式。

1. 放大 Login 画板。

图 6.53

2. 单击灰色粘贴板的空白区域，取消全部选择。

3. 选择 Text（文本）工具（**T**）并单击 Login 画板的顶部。输入 Username，然后按 Esc 键选择类型对象，如图 6.53 所示。

4. 在 Creative Cloud Libraries 面板中单击白色、Helvetica Neue 字体（或其他）、粗体（或其他）、26pt 的样式以将样式应用于文本，结果如图 6.54 所示。

图 6.54

当应用创意云库中的字符样式时，它不会作为当前文档中的样式添加到"资源"面板中。此外，无法编辑 Adobe XD 中 Creative Cloud Libraries 面板中的样式。

注意： 如果本地计算机上不存在字符样式中的字体，则 Creative Cloud Libraries 面板中的字符样式右侧会显示警告图标。

注意： 如果计算机上未安装 Photoshop CC，或者无权访问创意云库，则可以选择该类型对象，并将属性检查器中的格式更改为 Helvetica Neue（或类似字体），字体大小设为 26，字体加粗。然后可以继续下面的步骤。

5. 在属性检查器中，更改以下格式选项，如图 6.55 所示。

- 字符间距（Character Spacing）：0。
- 左对齐（Left Align）：选中。
- 不透明度（Opacity）：60%。

6. 按 Command + K（macOS）或 Ctrl + K（Windows）组合键，从文本对象中创建一个元件。

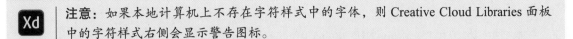

图 6.55

7. 选择 Select（选择）工具（▶），然后按着 Option（macOS）或 Alt（Windows）键将文本对象拖动到原稿下方。释放鼠标左键，然后释放按键。

8. 按 T 选择文本工具。单击复制的 Username 文本，然后双击将其选中。输入 Password，如图 6.56 所示。按 Esc 键再次取消选择文本对象。

9. 按 Shift + Command +'（macOS）或 Shift + Ctrl +'（Windows）组合键，显示 Login 画板的布局网格。

10. 按字母 V 选择 Select（选择）工具（▶）并将两个文本对象拖动到图 6.57 所示的位置，将其左边缘捕捉到布局网格中第一列的左边缘。

图 6.56

图 6.57

11. 按 Shift + Command +'（macOS）或 Shift + Ctrl +'（Windows）组合键，隐藏 Login 画板的布局网格。

注意： 如果要在 Creative Cloud Libraries 面板中单击相同的字符样式，则样式格式将覆盖您刚刚应用的文本格式，不透明度的更改除外。

注意： 编辑文本时，不透明度将暂时被删除。

6.3.3　使用创意云库颜色

在本节中，将把在 Photoshop 中创建的库中的颜色应用于 XD 文档中的内容。

1. 按 Command + 0（macOS）或 Ctrl + 0（Windows）组合键查看所有内容。
2. 单击灰色粘贴板的空白区域取消选择。
3. 单击 Icons 画板，然后按 Command + 3（macOS）或 Ctrl + 3（Windows）组合键放大画板。
4. 拖动鼠标选中波形图标。右键单击 Creative Cloud Libraries 面板中的橙色，然后选择 Apply As Border（应用为边框），如图 6.58 所示。

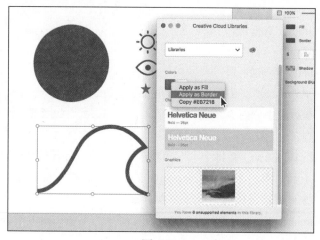

图 6.58

与应用"资源"面板中保存的颜色一样，用户可以将颜色应用为所选内容的填充（默认情况下）或边界。

6.3.4　使用创意云库中的图像

存储在创意云库中的图形可以拖放到一个打开的 XD 文档中。目前 XD 中的创意云库中只支持栅格图形（图像），而不支持矢量图形。在此案例中，Creative Cloud Libraries 面板底部最有可能看到的"不支持的元素"消息指的是矢量图形。从库中拖入 XD 的图形链接到原始源图像。如果在像 Photoshop 这样的程序中更新图像，它将在 XD 文档中更新。接下来，将把冲浪者图像从 Creative Cloud Libraries 面板拖到文档中，替换 Home 和 Login 画板上的当前背景图像。

1. 按 Command + 0（macOS）或 Ctrl + 0（Windows）组合键查看所有内容。
2. 选择 Select（选择）工具（▶）后，单击 Home 画板上的冲浪者背景图像。单击左上角的锁定图标将其解锁，如图 6.59 所示。

注意：如果计算机上未安装 Photoshop CC，或者无权访问创意云库，则可以右键单击"资源"面板中的橙色（或按 Command + Shift + Y [macOS] 或 Ctrl + Shift + Y [Windows] 组合键）查看相同的菜单。

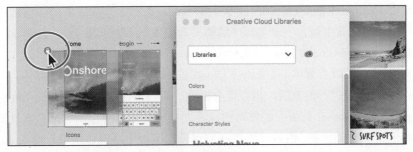

图 6.59

> **注意**：在 Adobe XD 中，无法将图形从 Creative Cloud Libraries 面板拖到锁定的图像上进行替换。

3. 将 Creative Cloud Libraries 面板的图形部分中的冲浪者图形拖放到 Home 画板上的冲浪者图像顶部。当图像以蓝色突出显示时，释放鼠标以替换图像，如图 6.60 所示。

Home 画板上的冲浪者图像上现在应该出现一个绿色的边框，并在左上角显示一个链接图标。图像链接到库中的图像。这意味着如果在其他应用程序（例如 Photoshop）中编辑图像，则 Home 画板上的图像将会更新。

4. 将 Creative Cloud Libraries 面板的图形部分中的冲浪者图形拖放到 Login 画板上的冲浪者图像顶部。当图像以蓝色突出显示时，释放鼠标以替换图像，如图 6.61 所示。

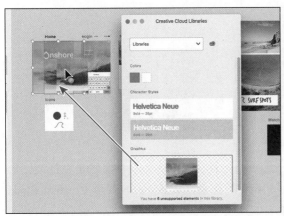

图 6.60   图 6.61

> **注意**：为什么用相同的图像替换冲浪者图像？为了在 Creative Cloud Libraries 面板中创建指向冲浪者图片的链接。这样，如果在 Photoshop 等程序中更新图像，图像将在 XD 文档中更新。现在，这两个图像（在 Home 和 Login 画板上）都链接到创意云库中的同一个冲浪者图像。

5. 右键单击 Creative Cloud Libraries 面板的 Graphics（图形）部分中的图像缩略图，此时会看到一个菜单，其中包含一个 Edit（编辑）选项（但不要选择它），如图 6.62 所示。用户可以关闭 Creative Cloud Libraries 面板。

如果要编辑图像，可以右键单击 Creative Cloud Libraries 面板中的图像缩略图，以在用于创建图像的工具中将其打开。进行更改后，可以保存图像。该图形在 Creative Cloud Library 中更新时，XD 中 Creative Cloud Libraries 面板中的缩略图以及文档中的所有链接副本都会自动刷新。如果图形是 Adobe Stock 的 comp 图像，也可以直接在创意云库面板中授权该图像，则该 comp 图像将被 Adobe XD 中的许可图像替换。

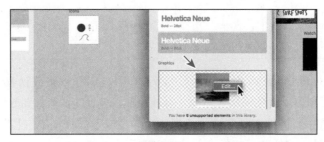

图 6.62

6. 单击 Home 画板上的冲浪者图像。单击左上角的链接图标将图像嵌入到 XD 文档中，如图 6.63 所示。

图 6.63

有一些方法可以从库中嵌入链接的图像：单击链接是一种方法，而另一种方法是在拖动图形时嵌入图形。按住 Option 拖动（macOS）或 Alt 从图形中拖动（Windows）图形 Creative Cloud Libraries 面板将插入图形作为未链接（嵌入）资源。

7. 按 Command + S（macOS）或 Ctrl + S（Windows）组合键保存文件。

8. 如果打算跳到下一课学习，可以打开 App_Design.xd 文件。否则，选择 File（文件）> Close（关闭）（macOS），或者单击每个打开文档的右上角（Windows）中的 X。

Xd 　**注意：** 在现实世界中，可能会将冲浪者图像链接到 Home 画板上，以便在 Creative Cloud Libraries 面板中对原始图像进行编辑时进行更新。

6.4 复习题

1. "资源"面板中可以保存哪些类型的资源？
2. 简要描述如何在"资源"面板中编辑字符样式。
3. 简要描述如何创建一个元件。
4. 对元件实例所做的属性更改将反映在同一元件的所有实例中吗？
5. 什么是 Creative Cloud Library？
6. Creative Cloud Library 可以包含哪些类型的资源？

6.5 复习题答案

1. 可以使用"资源"面板来保存和管理颜色、字符样式和元件。
2. 要在"资源"面板中编辑字符样式，右键单击字符样式并选择 Edit（编辑）。在出现的面板中对样式进行编辑，文本格式将在使用该样式的任何位置自动更新。
3. 要创建元件，需要选择文档中的内容，然后执行以下操作之一：单击"资源"面板中 Symbols（元件）部分中的加号（+），右键单击内容并选择 Make Symbol（制作元件），或者按 Command + K（macOS）或 Ctrl + K（Windows）组合键。
4. 可以更改元件实例中的样式、大小、阴影和 / 或位置，并查看所有链接实例中反映的更改。
5. Creative Cloud Library 是在诸如 Adobe XD、Adobe Photoshop CC、Adobe Illustrator CC、Adobe InDesign CC 以及某些 Adobe 移动应用程序之类的 Adobe 应用程序之间创建和共享存储内容（如图像、颜色、文本样式等）的简便方法。
6. Creative Cloud Library 可以包含诸如颜色、文本样式、图形、文本框架等资源。目前，在 Adobe XD 中，可以使用颜色、字符样式和栅格（图像）图形。

第7课 使用效果和重复网格

课程概述

本课介绍的内容包括：

- 了解效果；
- 处理背景和对象模糊；
- 使用渐变和透明度；
- 创建和编辑重复网格。

本课程大约需要 45 分钟完成。开始之前，请先将本书的课程资源下载到本地硬盘中，并进行解压。在学习本课时，将覆盖相应的课程文件。建议先做好原始课程文件的备份工作，以免后期用到这些原始文件时，还需重新下载。

Adobe XD 提供了多种功能，可将功能和时尚添加到您的设计中，包括阴影、透明度和模糊。在本课中，将探索这些设计特性并了解重复网格——这是一项在设计时可以节省许多时间的功能。

7.1 开始课程

在本课中，将学习在设计中添加模糊和阴影等效果，并且将使用重复网格。首先，将打开一个课程完成文件来了解本课中创建的内容。

1. 打开 Adobe XD CC。

2. 在 macOS 上，选择 File（文件）>Open（打开），或者如果"开始"屏幕没有打开任何文件，单击"开始"屏幕中的 Open 按钮。在 Windows 上，单击应用程序窗口左上角的菜单图标（≡）并选择 Open，或者如果在没有文件打开的情况下，单击"开始"屏幕中的 Open 按钮。打开名为 L7_end.xd 的文件，该文件位于课程文件夹中的 Lessons> Lesson07 文件夹中。

3. 如果在应用程序窗口的底部看到有关丢失字体的消息，可以单击消息右侧的 X（关闭）按钮关闭它。

4. 按 Command + 0（macOS）或 Ctrl + 0（Windows）组合键查看所有设计内容，如图 7.1 所示。让文件处于打开状态以供参考，或者选择 File（文件）>Close（关闭）（macOS）或单击打开窗口（Windows）右上角的 X（关闭）按钮关闭文件。

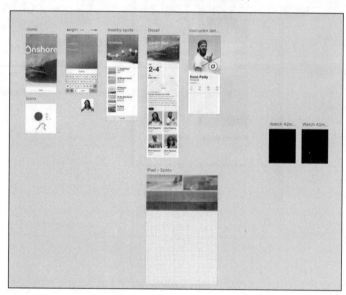

图 7.1

这个文件只是为了展示本课创建的内容。

7.2 理解效果

在 Adobe XD 中，可以将几种类型的效果应用于内容，包括设置阴影、透明度和模糊效果。例如，阴影可用于显示深度，透明度可用于设计的效果和叠加层，而模糊效果可用于显示叠加层的焦点。在本节中，将为设计内容添加一些效果。

1. 选择 File（文件）>Open（打开）（macOS）或单击应用程序窗口左上角的菜单图标（☰），然后选择 Open（Windows）。打开 Lessons 文件夹中的 App_Design.xd 文档（或保存它的位置）。

2. 按 Command + 0（macOS）或 Ctrl + 0（Windows）组合键查看所有设计内容。

3. 使用任何缩放方法放大 Login 画板。

注意：如果尚未将本课程的项目文件下载到计算机，请务必立即执行此操作。请参阅本书的"前言"。

注意：如果要使用"前言"中描述的跳读方法从头开始，则从 Lessons> Lesson07 文件夹中打开 L7_start.xd。

7.2.1 使用背景模糊

背景模糊使用一个对象作为叠加层（见图 7.2 中的红色矩形）来模糊背后的内容（冲浪者的图像），如图 7.2 所示。大多数情况下，用于模糊内容的覆盖对象是一个形状，并且形状的颜色填充和边框对结果没有影响。

接下来，将创建一个覆盖图形来模糊图像。

1. 在工具栏中选择 Rectangle（矩形）工具（▢），从 Login 画板的左上角开始，拖动鼠标到画板的右下角，创建一个与画板大小相同的矩形，如图 7.3 所示。

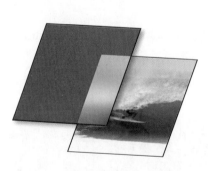

图 7.2

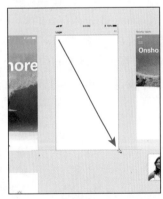

图 7.3

智能参考线将通过把形状贴到画板的边缘来提供帮助。

2. 取消选择属性检查器中的边框选项以将其删除。

3. 在属性检查器中选择 Background Blur（背景模糊），然后更改以下选项，如图 7.4 所示。

- Blur Amount（模糊量）（◢）：50。

- Brightness（亮度）（☀）：-12。

- Effect Opacity（效果不透明度）（▦）：22。

图 7.4

注意：不能将模糊应用于多个选定对象或组。

注意：还有另一种模糊，称为"对象模糊"。它会模糊所选的内容。这里并不是将对象模糊应用到绘制的矩形下面的冲浪者图像，因为它是一个元件，而且此图像是唯一需要模糊的图像。

注意，叠加图形的颜色消失了，并且叠加的任何内容都变得模糊不清。任意调整背景模糊设置，以更好地感受它的工作原理。

4. 按 Command + Y（macOS）或 Ctrl + Y（Windows）组合键，打开"图层"面板（如果尚未打开）。

5. 将图层拖动为以下顺序（从上到下）：Status Bar on Dark、Keyboard Alphabetic、symbols、rectangle 7（您看到的名称可能不同）、home，如图 7.5 所示。

图 7.5

这样，除图像以外的所有内容都位于模糊内容的顶部，模糊覆盖图位于模糊图像的顶部。

6. 按 Command + S（macOS）或 Ctrl + S（Windows）组合键保存文件。

7.2.2 使用对象模糊

对象模糊是一种模糊内容，如形状或图像的方法。用户可以使用对象模糊来指示网页上的按钮或一张英雄图片的状态，并使用叠加文本，也可以将焦点移至模糊对象上方的内容，如小型弹出式窗体。与背景模糊不同，这里只需选择要模糊的内容。接下来，将在 iPad 画板上模糊一张英雄的图片，以便更容易地阅读文字。

1. 按 Command + 0（macOS）或 Ctrl + 0（Windows）组合键，适应文档窗口中的所有设计内容。
2. 选中 Rectangle（矩形）工具（▢），并从 iPad-Spot 画板的左上角开始，拖动鼠标到画板的右边缘以创建与画板一样宽的矩形，高度大约为 400，如图 7.6 所示。

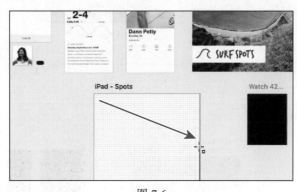

图 7.6

Xd 提示：在使用形状工具进行绘制时，可以在属性检查器中看到宽度和高度。

---

3. 选择 Select（选择）工具（▶）并单击以选择从 Photoshop 中粘贴的大型 SURF SPOTS 图像，将其拖动到 iPad-Spot 画板的中心。
4. 右键单击图像，然后选择 Send To Back（移到底部）（macOS）或 Arrange（排列）> Send To Back（移到底部）（Windows），将图像发送到矩形后面，如图 7.7 所示。
5. 在图像仍然处于选中状态的情况下，按住 Shift 键单击矩形，然后选择 Object（对象）> Mask With Shape（带形状的遮罩）（macOS）或右键单击所选对象，然后选择 Mask With Shape（带形状的遮罩）（Windows），如图 7.8 所示。
6. 双击图像编辑遮罩对象。
7. 按几次 Command + "+"（macOS）或 Ctrl + "+"（Windows）组合键进行放大。
8. 单击图像将其选中。拖动它，使图像的左上角位于画板的左上角。在属性检查器中，X 值为 0，Y 值为 0。如果不是，则可以输入这些值。

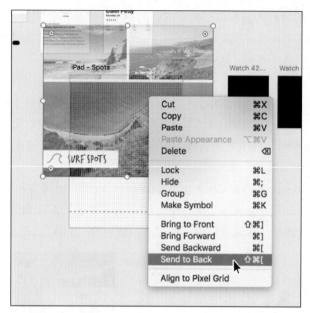

图 7.7

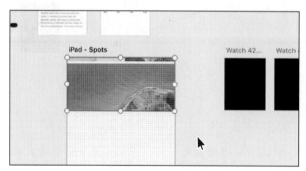

图 7.8

9. 将右下角拖向图像的中心，使其变为画板的宽度，如图 7.9 所示。

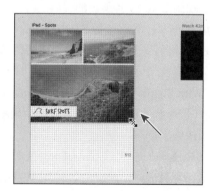

图 7.9

10. 如果图像仍处于选定状态，则从属性检查器的 Background Blur（背景模糊）菜单中选择 Object Blur（对象模糊），并将 Blur Amount（模糊量）（▰）更改为 5，如图 7.10 所示。

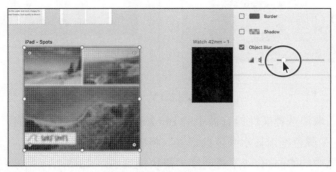

图 7.10

11. 将遮罩图像向上拖动一点，确保文字 SURF SPOTS 仍然隐藏，如图 7.11 所示。

12. 按 Esc 键选择遮罩的对象。单击空白区域以取消全部选择，如图 7.12 所示。

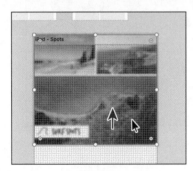

图 7.11

图 7.12

13. 按 Command + S（macOS）或 Ctrl + S（Windows）组合键保存文件。

 注意：用户可能无法看到遮罩对象，因此无法知道应拖动多远。将指针移到图像上，直到突出显示遮罩形状。

7.2.3　调整不透明度

调整对象的不透明度可以获得分层效果，使文本在图像上可读性更高。在本节中，将在 iPad 图像顶部添加一个透明覆盖图，以便放置在图像上的任何内容都会更具可读性。首先在 7.2.2 节中模糊的图像顶部绘制一个矩形。建议放大 iPad-Spot 画板。

1. 在工具栏中选择 Rectangle（矩形）工具（▢）。

2. 从 iPad-Spot 画板的图像左下角开始，拖动以创建与画板一样宽的矩形，高度约为 100 像素（可以在拖动时看到属性检查器中的高度），如图 7.13 所示。

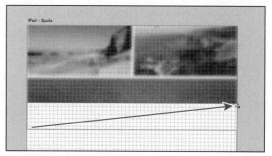

图 7.13

3. 选中矩形后，取消选择属性检查器中的 Border（边框）选项将其关闭。单击属性检查器中的 Fill（填充）颜色框以显示颜色选择器，将颜色更改为黑色。

4. 将属性检查器中的 Opacity（不透明度）滑块拖到 50，如图 7.14 所示。透明矩形顶部添加的内容现在更具可读性。

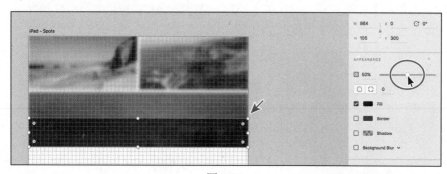

图 7.14

5. 按 Command + S（macOS）或 Ctrl + S（Windows）组合键保存文件。

 提示：可以通过选择内容和输入数字来更改所选内容的不透明度。1 = 10%，5 = 50% 等。输入 0 将不透明度设置为 100%。

7.2.4　应用投影

阴影可以为内容添加不错的设计触感，增加深度感，指示按钮的状态等。本节将介绍如何将为按钮添加阴影。

1. 选择 Select（选择）工具（▶）并单击在第 6 课中创建的黑色圆角按钮。读者可能需要滚动或缩小才能看到它。

2. 使用任意方法放大按钮。

3. 在属性检查器中选择阴影并更改以下选项，如图 7.15 所示。

- X（沿 X 轴 [水平] 的距离）：0。

- Y（沿 Y 轴的距离 [垂直]）：10。

- B（阴影模糊）：10。

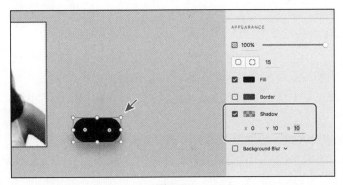

图 7.15

4. 单击 Shadow（阴影）框并选择较浅的灰色样本。将 alpha（A）更改为 30，如图 7.16 所示。按 Return 或 Enter 键接受新值。

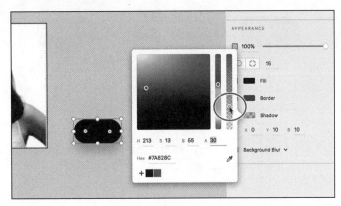

图 7.16

5. 选择 Text（文本）工具（T）并单击圆角矩形，输入 ALL。

6. 双击文字将其选中。在属性检查器中更改以下文本格式，如图 7.17 所示。

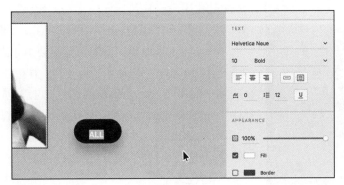

图 7.17

- 字体系列：Helvetica Neue（macOS）或 Segoe UI（Windows）（或类似）。

- 字体大小：10。
- 字体权重：粗体。
- 字符间距：0（默认设置）。
- 行距：12。
- 颜色填充：如果不是白色，则设为白色。

7. 按 Esc 键选择文字对象。选择 Select（选择）工具（▶）并拖动文本，使其与按钮形状中间对齐。

当文本对象与按钮对齐时，智能参考线将出现，并且间隙距离也会出现。

8. 按向上箭头一次或两次以向上移动文本对象，以在视觉上将文本与按钮对齐，如图 7.18 所示。

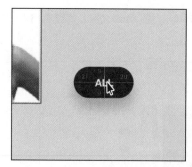 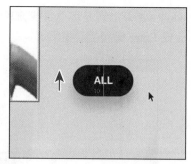

图 7.18

9. 拖动按钮正文和文本以选择两者。右键单击所选内容并选择 Group（组合）。

10. 按 Command + S（macOS）或 Ctrl + S（Windows）组合键保存文件。

7.2.5 对元件内容应用阴影

正如在第 6 课中所看到的，有许多方法可以使得在 Adobe XD 中更加智能地工作，而元件起着重要作用。在本节中，将创建一个新图标，应用阴影，并将其另存为元件。将内容（如图标）保存为元件可让用户轻松地编辑在多个对象（图标）上应用的投影。

图 7.19

1. 按空格键并用 Hand（手形）工具（✋）拖动，以看到 Nearby spots 画板。此时可能需要缩小。

2. 选择 Ellipse（椭圆）工具（○）并按住 Shift 键拖动鼠标，在 Nearby spots 画板顶部图片的上方创建一个圆。确保属性检查器中的宽度和高度大约为 32。释放鼠标左键，然后释放 Shift 键，结果如图 7.19 所示。

3. 取消选择属性检查器中的边框选项以删除边框，确保填充是白色的。

4. 在属性检查器中选择阴影并确保设置了以下选项：

- X（沿 X 轴 [水平] 的距离）：0（默认设置）。
- Y（沿 Y 轴的距离 [垂直]）：3（默认设置）。
- B（阴影模糊）：6（默认设置）。

5. 单击阴影颜色框并更改以下内容：H = 0，S = 0，B = 0，A = 100。在输入最后一个值后，按 Return 或 Enter 键确定，如图 7.20 所示。

图 7.20

6. 选择 Text（文本）工具（T）并在圆圈下方单击，输入 01。

注意：Adobe XD 更新添加了一个选项，用于在颜色选择器中选择颜色模型。请确保在输入值之前从该菜单中选择 HSB。

7. 双击文字将其选中。在属性检查器中更改以下文本格式，如图 7.21 所示。
- 字号：15。
- 字体权重：粗体。
- 字符间距：0（默认设置）。
- 行距：12。
- 颜色填充：浅灰色样本。

图 7.21

8. 选择 Select（选择）工具（▶），然后按住 Shift 键单击白色圆圈以选择文本对象和圆圈。单击 Align Middle（Vertically）（中间对齐（垂直））选项（▮◆▮）和 Align Center（Horizontally）（居中对齐（水平））选项（◆）将它们对齐到对方的中心，如图 7.22 所示。

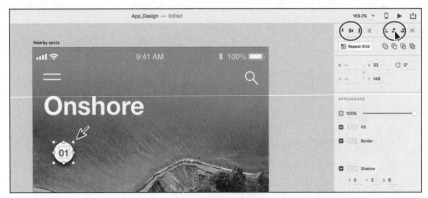

图 7.22

9. 按 Command + K（macOS）或 Ctrl + K（Windows）组合键将所选内容转换为元件。

10. 按住 Option（macOS）或 Alt（Windows）键拖动元件实例多次，总共创建 5 个，记住每次释放鼠标左键，然后再释放按键。按照图 7.23 所示的方式排列它们。这些图标将标记冲浪点。

图 7.23

11. 双击其中一个元件实例以编辑其中的内容。如果尚未选择，则单击白色圆圈编辑形状。单击阴影颜色框并更改以下内容：H = 0，S = 0，B = 0，A = 42，如图 7.24 所示。按 Return 或 Enter 键。注意，所有元件实例的阴影都会改变。

12. 选择 Text（文本）工具（T），双击左侧第二个 01 文本，并将其更改为 02（在图 7.25 中圈出）。更改元件实例的文本，使其从左至右分别为 01、02、03、04 和 05。

13. 完成后，按 Esc 键选择文本对象，然后按 Command + Shift + A（macOS）或 Ctrl + Shift + A（Windows）组合键取消全部选择。

Xd | 注意：Adobe XD 的更新中添加了一个选项，用于在颜色选择器中选择颜色模型。请确保从该菜单中选择 HSB。

图 7.24

图 7.25

7.2.6 应用和编辑渐变

渐变填充是两种或多种颜色的渐变混合,并且始终包含起始颜色和结束颜色。在 Adobe XD 中,可以创建线性渐变(开始颜色沿着直线与最终颜色混合)和径向渐变(开始颜色定义中心点的填充颜色,并外辐射到结束颜色)。

在颜色选择器中,可以从颜色选择器顶部的菜单中选择所需的渐变类型。渐变滑块(图 7.26 中标记为 A)出现。最左边的渐变刻度(标记为 B)标记起始颜色;最右边的渐变停止刻度标记结束颜色(标记为 C)。色标(Color Stop)是渐变从一种颜色变为下一种颜色的点。用户可以通过单击渐变滑块下方,并更改颜色选择器内的颜色来添加更多色标。

1. 按空格键并使用 Hand(手形)工具（🖐）拖动,以便在右侧看到 Instructor detail - Dann 画板。此时可能需要缩小画板。

2. 选择 Select(选择)工具（▶）,右键单击 Dann 的图像,然后选择 Hide(隐藏),如图 7.27 所示。

3. 在工具栏中选择 Rectangle(矩形)工具（▢）。从 Instructor detail - Dann 画板的左上角开始,拖动到画板的右边以创建一个与画板一样宽的矩形,高度约为 500,如图 7.28 所示。

> **XD** **提示:** 可以从其他应用程序(如 Adobe Illustrator)导入具有径向渐变的对象,然后可以在 Adobe XD 中编辑放射渐变中的颜色。

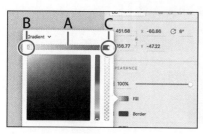

图 7.26

图 7.27

图 7.28

4. 单击属性检查器中的 Fill（填充）颜色框，显示颜色选择器。单击颜色选择器顶部的纯色，然后从出现的菜单中选择 Linear Gradient（线性渐变）。从白色到灰色的渐变将应用于形状的填充，如图 7.29 所示。

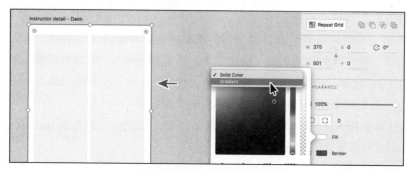

图 7.29

5. 单击以选择渐变滑块上最左边的色标位置（在图 7.30 中圈出）。将 HSB 颜色值更改为 H = 182，S = 65，B = 94，A = 100。在输入最后一个值后，按 Return 或 Enter 键。单击颜色选择器底部的加号（+），保存该水蓝色。

6. 单击以选择渐变滑块上最右边的色标位置（在图 7.31 中圈出）。单击以应用您刚刚保存的水蓝色色板。将 A（Alpha）更改为 40，然后按 Return 或 Enter 键接受该值。

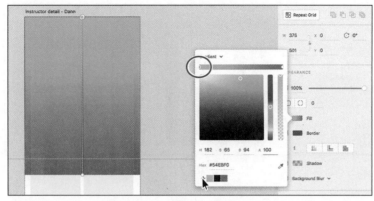

图 7.30

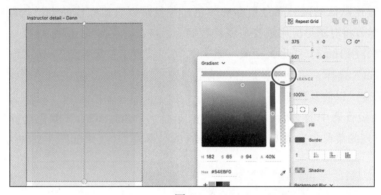

图 7.31

注意：Adobe XD 的更新中添加了在颜色选择器中创建放射渐变的选项。该图显示了选择渐变选项。接下来可能会看到线性渐变和径向渐变的选项。

注意：如果选择了色标，则它具有较厚的边界，类似于这样： ◎

注意：Adobe XD 的更新中添加了一个选项，用于在颜色选择器中选择颜色模型。请确保从该菜单中选择 HSB。

7. 右键单击画板上的矩形，然后选择 Send To Back（移到底部）（macOS）或 Arrange（排列）> Send To Back（移到底部）（Windows），以便水蓝色形状位于 Dann 图像后面（当前隐藏）。

8. 在名为 dann 的对象右侧的"图层"面板（Command + Y [macOS] 或 Ctrl + Y [Windows] 组合键）中单击显示图标（ ），再次显示 Dann 的图像，如图 7.32 所示。

9. 按 Command + S（macOS）或 Ctrl + S（Windows）组合键保存文件。

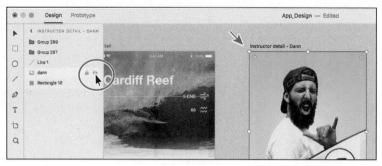

图 7.32

7.2.7　调整渐变

渐变可以设置比默认的两种颜色更多的颜色，并且可以直接在作品上进行调整，以便更好地控制显示效果。本节将对图形应用渐变，将其转换为元件，然后复制元件。

1. 按空格键并用 Hand（手形）工具（✋）拖动，以便在左侧看到 Nearby spots 画板。
2. 选择 Select（选择）工具（▶）后，单击以选择位于图像顶部的白色形状。此时将对该形状应用渐变，以使其顶部淡入图像中。
3. 单击属性检查器中的 Fill（填充）颜色框，显示 Color Picker（颜色选择器）。单击纯色，然后从出现的菜单中选择 Linear Gradient（线性渐变），结果如图 7.33 所示。

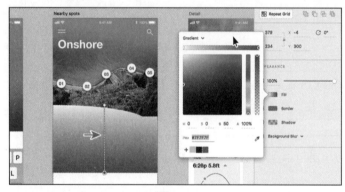

图 7.33

默认情况下，白色至灰色渐变现在将应用于形状的填充。注意形状上出现的长条（图 7.33 中的箭头所指）。这被称为画布上的渐变编辑器，它可以用于改变渐变的方向和持续长度。

4. 单击以选择 Gradient（渐变）滑块上最右边的（灰色）色标（它在图 7.34 的第一个图中圈出）。将颜色更改为白色。
5. 将指针移到 Gradient（渐变）滑块的中间，然后单击以添加另一个色标，将新颜色更改为红色。
6. 将 Gradient（渐变）上新的红色色标向左拖动，然后向右拖动，观察形状中渐变的情况。在继续之前，请确保渐变看起来像在图 7.35 中看到的一样。

 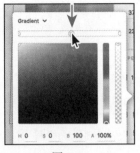 

图 7.34

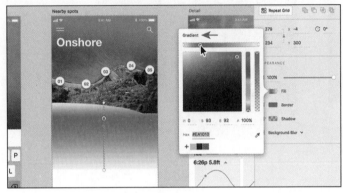

图 7.35

拖动一个色标可以改变渐变的持续长度（一种颜色转换为另一种颜色所需的距离）。用户不仅可以调整属性检查器中的颜色，还可以使用画布上的渐变编辑器在作品上调整它们，这是我们接下来要做的。

7. 在形状上（不在颜色选择器中），将画布上渐变编辑器的底部色标点拖动到左侧以更改形状内渐变的方向。

8. 将顶部色标向上拖动，稍微高于形状，如图 7.36 所示。

图 7.36

Xd 提示：要删除彩色色标，只需从"渐变"滑块中将其拖离，或者单击将其选中并按 Delete 或 Backspace 键。

9. 选中顶部色标位置后，将Color Picker(颜色选择器)中的alpha值（A）更改为0，如图7.37所示。

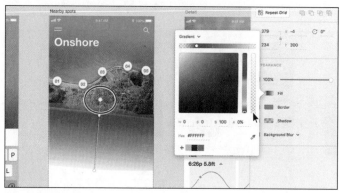

图 7.37

10. 将中间色标向上拖动一点，使其与图 7.38 所示的内容相匹配。

11. 选中中间色标后，将颜色选择器中的颜色更改为白色，如图 7.39 所示。

图 7.38

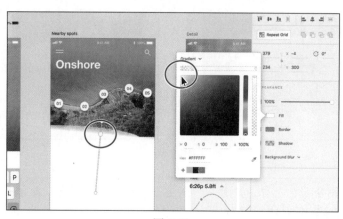

图 7.39

提示：如果将指针放在作品上的渐变滑块上，指针旁边会出现一个加号（+），表示如果单击，则会添加一个色块。

提示：在"资源"面板中保存渐变颜色。

7.2.8 将对象转换为元件

在 Adobe XD 中，元件是智能工作的重要组成部分。在本节中，将把渐变填充形状转换为元件，以便稍后进行编辑，并保持所有画板的一致性。

1. 向上拖动形状以覆盖更多图像。
2. 右键单击形状并选择 Make Symbol（制作元件），如图 7.40 所示。

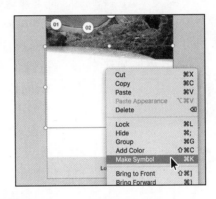

图 7.40

3. 按 Command + C（macOS）或 Ctrl + C（Windows）组合键复制形状。
4. 在 Detail 画板的空白区域中单击鼠标右键，然后选择"粘贴"以将相同形状的副本粘贴到相同的相对位置。
5. 按住 Shift 键单击 Detail 画板顶部的冲浪者图像以选择两个对象。右键单击所选对象，然后选择 Send To Back（移到底部）macOS）或 Arrange（排列）>Send To Back（移到底部）（Windows），如图 7.41 所示。
6. 右键单击任何选定的内容并选择 Lock（锁定）。
7. 拖动 SURF 2-4 FT 文本，使左边缘与第一个布局网格列的左边缘对齐，如图 7.42 所示。

接下来，把相同的形状粘贴到 Instructor detail - Dann 画板上。可能需要按空格键并使用 Hand（手形）工具拖动或缩小，然后放大到 Instructor detail - Dann 画板。

8. 单击 Instructor Detail - Dann 画板的空白区域，然后按 Command + V（macOS）或 Ctrl + V（Windows）组合键以相同的相对位置粘贴形状的副本。

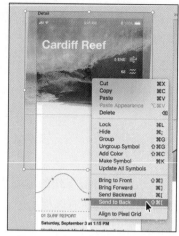

图 7.41

图 7.42

9. 向下拖动形状以覆盖 Dann 图像的底部，如图 7.43 所示。

10. 拖动粘贴的形状以在 Instructor Detail - Dann 画板上选择 Dann 图像和背后的水面形状，如图 7.44 所示。右键单击所选内容，然后选择 Send To Back（移到底部）（macOS）或 Arrange（排列）> Send To Back（移到底部）（Windows）。

　我们不需要编辑形状中的渐变，但因为它是一个元件，所以可以在其中一个元件实例中轻松编辑渐变，并且所有实例都将更新。

11. 将画板上的内容拖到在图 7.45 中看到的位置。请确保将图标拖到图标下方。

12. 按 Command + S（macOS）或 Ctrl + S（Windows）组合键保存文件。

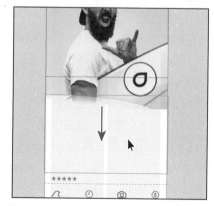

图 7.43

图 7.44

图 7.45

7.3 使用重复网格

在为移动应用程序或网站设计时，可以创建重复的元素或列表，例如一系列员工的个人资料或餐厅可用的主题列表，如图 7.46 所示。重复元素具有共同的设计和通用元素，但图像和文本可能不同。创建元素网格可能很麻烦，尤其是当需要轻松地调整它们之间的间距或重新排列常用元素时。

图 7.46

重复网络的一个例子

在 Adobe XD 中，可以选择一个对象或一组对象并应用重复网格来轻松地重复内容。通过将重复网格应用于内容，可以简单地在内容的底部或右侧拉动手柄，然后内容将按照拉动的方向重复。当修改元素的任何样式时，该更改将复制到网格的所有元素中。例如，如果在其中一个元素中对图像的边角进行圆角化处理，则网格中所有图像的边角都会受到影响。

如果网格中有文本元素，则网格只复制文本元素的样式而不复制内容。因此，可以快速设置文本元素的样式，同时网格元素中的内容保持不同。用户可以通过将文本文件拖放到网格上来替换重复网格中的占位符文本。Adobe XD 中的重复网格是作者最喜欢的功能。

7.3.1 为重复网格添加内容

接下来，将添加一些内容并设置文档，以便稍后可以创建一个重复网格。

1. 在 Instructor Detail - Dann 画板显示后，单击 Dann Petty 文本以选择该组。
2. 按住 Option（macOS）或 Alt（Windows）键，将选定内容拖动到左侧的 Nearby spots 画板上。释放鼠标左键，然后释放按键，如图 7.47 所示。

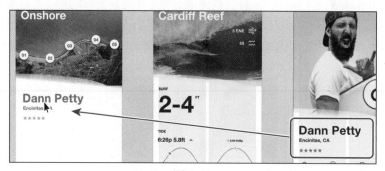

图 7.47

3. 单击灰色粘贴板取消选择，然后放大刚刚复制到 Nearby spots 画板上的内容。
4. 将指针移到刚刚复制的内容中的其中一颗星上。按住 Command（macOS）或 Ctrl（Windows）键，当星形的边框周围有蓝色突出显示时，单击以选中它，释放按键。按 Esc 键选择整组星星，然后按 Delete 或 Backspace 键删除星星组合，结果如图 7.48 所示。

图 7.48

5. 按 Esc 键选择组。右键单击 Dann Petty 文本本身并选择 Ungroup（取消组合）。

6. 单击文本之外以取消选择，然后单击 Dann Petty 文本。在属性检查器中将字体大小更改为 20。按 Return 或 Enter 键接受该值。

7. 单击"Encinitas，CA"文本以选择文本对象。在属性检查器中将字体大小更改为 12，如图 7.49 所示。按 Return 或 Enter 键接受该值。

图 7.49

8. 在左侧的"图层"面板（Command + Y [macOS] 或 Ctrl + Y [Windows] 组合键）中，单击遮罩组（这里的名称为 Mask Group 1）右侧的显示（👁）以显示以前隐藏的遮罩图像，如图 7.50 所示。

图 7.50

9. 将画板上的内容拖动到图 7.51 所示的位置。

10. 右键单击 Dann Petty 文本和其他内容后面的白色形状，然后选择锁定（Lock）。

11. 按 Command + S（macOS）或 Ctrl + S（Windows）组合键保存文件。

图 7.51

7.3.2 创建一个重复的网格

现在已准备好一些内容，将从中创建一个重复网格。Nearby spots 屏幕将显示与图像上的数字对应的冲浪地点列表。用户不需要复制和粘贴，而是将重复网格应用到在上一节中创建的一组内容中。

1. 拖动 7.3.1 节中创建的内容，将其全部选中（见图 7.52）。单击属性检查器中的重复网格按钮将选定内容转换为重复网格。

图 7.52

将内容转换为重复网格时需注意以下几点：首先，内容周围现在有一个绿色带点的边框，表示它是重复网格。其次，现在有两个手柄，一个在底部，另一个在右侧。用户可以拖动手柄以垂直（底部手柄）或水平（右侧手柄）创建原始内容的副本。原始内容和副本在重复网格中成为单元格。然后，可以编辑单元格并调整行和列之间的间隔。

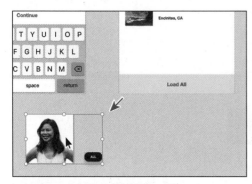

图 7.53

对于下一步，可能需要缩小一点或向下滚动以查看画板下方的内容。

2. 如果需要，将 Alnie 的图像和带有文字 ALL 的按钮拖离 Nearby spots 画板底部，如图 7.53 所示。

> **提示：** 可以按 Command + R（macOS）或 Ctrl + R（Windows）组合键制作重复网格。

> **注意：** 任何在创建重复网格时选择的锁定内容都不会包含在其中。

> **提示：** 可以将重复网格相互嵌套。换句话说，例如，可以通过重复网格和其他选定的内容制作重复网格。

3. 单击 Dann Petty 重复网格对象以选择它。向下拖动画板底部下方的绿色手柄，直到看到共有 5 个内容的副本，如图 7.54 所示。

内容被垂直重复，整个重复网格就像一组重复元素。在本课的后面，将学习如何调整重复元素之间的差距。要做到这一点，可以在原型中垂直滚动内容，您将会让画板变得更高。

4. 单击 Nearby spots 画板名称（在画板上方）以选择它。将中下方的手柄向下拖动到第五组重复的内容下方，为 Load All 按钮留下足够的空间。

画板上出现的虚线表示画板的原始高度。在后面的课程中，将构建并测试应用程序的原型。此时，将测试画板滚动效果。

5. 将 Load All 按钮拖到画板的底部，如图 7.55 所示。

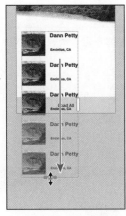

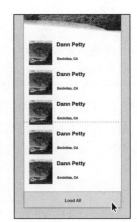

图 7.54　　　　　　　　　　　　　　　　　　　图 7.55

7.3.3　在重复网格中编辑内容

重复网格的好处之一是，除了作为复制内容的简单方法，还可以更改网格中的内容。如果网格中有重复的图像，则可以根据需要替换尽可能多的图像。用户也可以独立编辑文本，但样式仍将应用于网格中对象的所有副本。接下来，将更改创建的重复网格中的一些内容。

1. 单击重复网格中的任意内容以选择整个重复网格。双击顶部（第一个）Dann Petty 文本对象以选择它，如图 7.56 所示。

当双击重复网格中的对象时，将进入重复网格的编辑模式。重复网格周围的虚线绿色边框变为较厚的纯绿色边框，表示处于编辑模式，并且可以编辑其中的内容。

2. 双击"Encinitas，CA"文本以选择文本，然后输入 0.1m 来替换文本，如图 7.57 所示。

图 7.56　　　　　　　　　　　　　　　　　图 7.57

其他文本对象没有改变。用户可以分别在重复网格中编辑每个副本的内容。

3. 单击重复网格外的空白区域以取消选择，可能需要单击几次。

4. 转到 Finder（macOS）或 Windows 资源管理器（Windows），打开 Lessons> Lesson07>

repeat_grid1 文件夹，并在 Finder 窗口（macOS）或 Windows 资源管理器（Windows）中保持打开文件夹。回到 XD。随着 XD 和文件夹的显示，单击名为 RG-2.jpg 的图像。将图像拖放到重复网格中第二张（从顶部）图像的顶部。当它出现蓝色突出显示时，释放鼠标左键以替换图像，如图 7.8 所示。

> **Xd** **注意**：数据已导入且未链接，因此对源文件所做的任何更改都不会影响已放入 XD 文件的数据。

更改重复网格的内容的方法是更改单个对象，或者拖放图像或文本。重复网格中的顺序按从左到右的阅读顺序（从左到右，然后从上到下）进行定义。重复网格现在在第一个图像和第二个图像之间交替。刚刚创建了两个图像的样式，如图 7.59 所示。

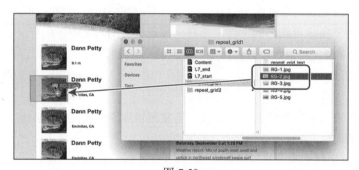

图 7.58

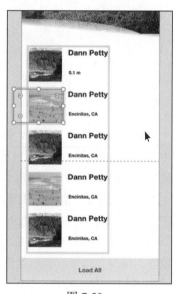

图 7.59

5. 在 XD 和 repeat_grid1 文件夹仍然显示的情况下，单击名为 RG-1.jpg 的图像，然后按住 Shift 键并单击名为 RG-5.jpg 的图像，如图 7.60 所示。将其中一个图像拖放到重复网格中任何图像的顶部。当它出现蓝色突出显示时，释放鼠标左键以替换图像。

通过将一系列图像拖入重复网格，将为图像对象的填充创建重复图案，如图 7.61 所示。

用户还可以将文本文件拖入重复网格中，以替换重复模式中的文本。有关如何设置要导入的文本文件的详细信息，请参阅本节的"为重复网格设置文本文件"内容。

> **Xd** **提示**：图像以字母数字顺序放置在单元格中。此时会注意到作者在图像的名字前添加了"1_""2_"等。这可以帮助作者控制放置在重复网格中的图像的排序。

6. 在 XD 和 repeat_grid1 文件夹都仍然显示的情况下，单击名为 repeat_grid_text.txt 的文本文件，将它拖放到重复网格中任何 Dann Petty 文本对象的顶部。当它显示蓝色突出显示时，释放鼠标左键以替换文本，如图 7.62 所示。

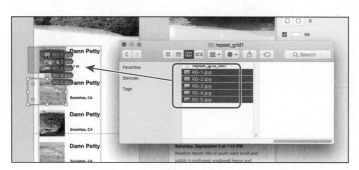

图 7.60

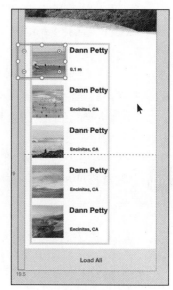

图 7.61

第一次出现的 Dann Petty 文本（在重复网格的顶部）被替换为文本文件中的第一段，依此类推，如图 7.63 所示。

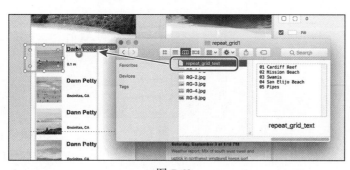

图 7.62

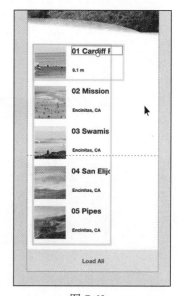

图 7.63

7. 按 Command + S（macOS）或 Ctrl + S（Windows）组合键保存文件。

为重复网格设置文本文件

拖入重复网格中的文本文件必须具有扩展名 .txt。用户可以在 macOS 中使用 TextEdit（选择 Format（格式）>Make Plain Text（制作纯文本）），Windows 中的记事本（另存为 .txt）或任何用户喜欢的文本编辑器来创建此文件。

在文本文件中，用返回分隔每条数据。在 7.3.2 节的示例中，拖动重复网格的底部以显示共 5 个重复元素。如果文本文件有 4 个段落（每个段落之间有返回），则前 4 个重复的文本元素将被替换，然后该模式将再次开始。

Xd | **注意**：用户可能需要确保文本（例如"01 Cardiff …"）左对齐。

7.3.4 编辑重复网格中的内容外观

利用重复网格中的内容，接下来将调整行之间的距离以及其中的一些格式。

1. 单击重复网格以取消选择。单击重复网格中的任意内容以选择整个重复网格。
2. 将指针放置在网格中的两行之间。当粉红色的行指示器显示时，向下然后向上拖动看行之间的距离会发生什么变化。每个粉红色行指示器的左侧会出现一个小小的距离值。拖动直到看到约为 18 的值，如图 7.64 所示。
3. 将"重复网格"右侧的手柄拖动到画板的右侧边缘，如图 7.65 所示。

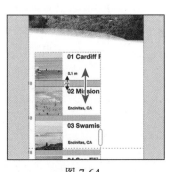

图 7.64

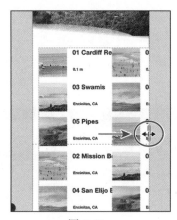

图 7.65

这将在右侧显示该列的重复内容。我们并不需要在画板上添加另一列，但是添加的文本已被切断。接下来，将更改列之间的距离以显示所有文本。

4. 将指针放在重复网格中列重叠的位置。当出现粉红色列指示器时，向右拖动，直到出现所有文字，如图 7.66 所示。继续向右拖拉一点，以便稍后再容纳更多的文本。

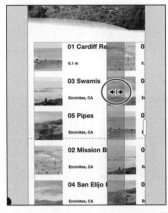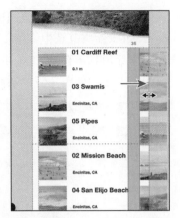

图 7.66

> **提示**：用户可以拖动以更改"重复网格"中的行或列之间的距离，甚至可以拖动以使行或列重叠。这将在行或列指示器中显示为负值。

> **提示**：在拖动栅格手柄的同时按住 Option（macOS）或 Alt（Windows）键，也会在中间位置的另一侧调整重复栅格的大小。在按住 Shift 键的同时拖动网格手柄将按比例调整两个手柄的中心位置。

注意，距离值最初显示为负值。添加元素或替换内容可能会扩大重复网格的单元格并导致负填充。将文本文件放到网格上时，文本会替换默认的重复文本，并且文本对象会因为其点类型而调整大小。不过，网格原始列的宽度并没有变得更宽。

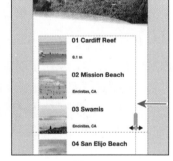

5. 将重复网格右侧的手柄向左拖动，直到第二列（右侧）消失，如图 7.67 所示。

6. 按住 Command（macOS）或 Ctrl（Windows）键并单击"01 Cardiff Reef"文本以选择文本对象。

与双击来选择重复网格中的内容不同，单击并按住键盘可以更快。

图 7.67

7. 在属性检查器中将 Character Spacing（字符间距）更改为 0（如果尚未），如图 7.68 所示。

图 7.68

注意，所做的任何格式更改都会更改重复网格中的所有重复文本对象。

8. 双击 01 Cardiff Reef 文字将其选中。在文本内单击，然后拖动以选择"01"文本。

9. 在属性检查器中单击 Fill（填充）颜色，将颜色更改为浅灰色。这里选择了 H = 204，S = 3，
   B = 60，A = 100 的灰色，如图 7.69 所示。

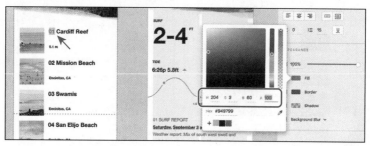

图 7.69

注意，其他文本对象的外观没有改变。此格式不是对象范围内生效的，因此它不会影响其他文本对象。

10. 按 Esc 键选择文本对象，并将其拖动到"0.1m"文本附近。当左边缘与 0.1m 的文字对齐并且距离大约为 24 像素时停止拖动，如图 7.70 所示。

图 7.70

如果在重复网格中重新定位对象，则所有重复的内容也会更改。

7.3.5 将内容添加到重复网格

在创建重复网格之后，可以随后使用各种方法向其添加内容或删除内容。之前，从用于创建重复网格的内容组中删除了星形。接下来，将把这组星形添加到重复网格中。

1. 如有必要，缩小或拖动空格键以查看"Instructor Detail - Dann"画板上的星形。

2. 选择 Select（选择）工具（▶）后，单击以选择星形组（根据其上方的文本分组）。

3. 如果看不到"图层"面板，按 Command + Y（macOS）或 Ctrl + Y（Windows）组合键。在"图层"面板中单击所选组名称左侧的文件夹图标（📁）以显示该组的内容（两个文本对象和一组星形）。右键单击"图层"面板列表中的星形组，然后选择 Copy（复制），如图 7.71 所示。

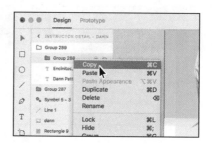

图 7.71

由于没有更改"图层"面板中星形组的名称，因此可能会将其命名为"Group_288"（如图7.71所示）。如果有需要，则可以通过单击"图层"面板中组名称左侧的文件夹图标（📁）来显示组内容。

> **Xd** **注意**：如果颜色选择器仍显示上一步骤，则可能需要按Esc键几次。

> **Xd** **提示**：在拖动时可以按住Command（macOS）或Ctrl（Windows）键临时禁用智能参考线。

> **Xd** **注意**：在知道如何创建重复网格之前，星形组是在第6课中创建的。用户可以很容易地创建一颗星形，并将其转换为重复网格来重复星形。

4. 双击Nearby spots画板上Repeat Grid（重复栅格）中的任意对象。这将进入重复网格编辑内容模式。

按Command + V（macOS）或Ctrl + V（Windows）组合键将星形粘贴到单元格的中央。将星形拖到图7.72所示的位置。

用户可以在重复网格的编辑内容中绘制任何元素或添加文本，即使在创建它之后。由于Repeat Grid自动重复每个元素，这使得我们可以灵活地以新的方式进行设计。

图7.72

取消组合重复网格

图7.73

如果发现需要分别编辑重复网格中的不同单元格，则可以取消组合重复网格。这将拆分重复网格并将每个单元格视为与其他单元格独立。

选中Repeat Grid（重复网格）后，单击属性检查器中的取消组合网格（Ungroup Grid）按钮，如图7.73所示。您还可以选择Object（对象）>Ungroup Grid（取消组合网格）（macOS）或按Command + Shift + G（macOS）或Ctrl + Shift + G（Windows）组合键。

7.3.6 另一个重复网格示例

下面将创建另一个重复网格，但是这次它将水平和垂直地重复。首先，需要为它收集内容。

1. 按 Command + 0（macOS）或 Ctrl + 0（Windows）组合键查看所有内容。

2. 单击 Detail 画板的名称（画板上方）将其选中。向下拖动底部中间的手柄，为重复网格留出空间，如图 7.74 所示。确保属性检查器中的高度至少为 1400。

这可能会导致 Detail 画板与 iPad-Spot 画板重叠。接下来，将该画板移开。

 注意： 选择星形可能会很棘手。如果试图单击星形来移动它们，就会取消选择。我们可以随时双击星形以再次选择它们。

3. 将 iPad-Spot 画板向下拖动，按画板名称排列，以便 Detail 画板不再与其重叠，如图 7.75 所示。

4. 按 Command + O（macOS）或 Ctrl + O（Windows）组合键打开文件，打开名为 Content.xd 的文件，该文件位于 Lessons> Lesson07 文件夹中。

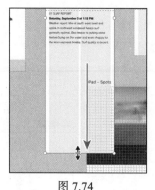 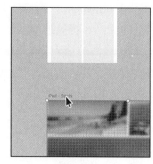

图 7.74   图 7.75

5. 右键单击画板上的内容组，然后选择 Copy（复制），如图 7.76 所示。

6. 选择 File（文件）>Close（关闭）（macOS）或单击应用程序窗口右上角的 X（Windows）关闭"内容"文档，然后返回到 App_Design.xd 文件。

7. 在 Detail 画板上单击鼠标右键，然后选择 Paste（粘贴）。

8. 如图 7.77 所示，将组拖动到画板上。用户可能需要移除其他内容。

9. 选中组后，单击属性检查器中的 Repeat Grid（重复网格）按钮。

10. 将 Repeat Grid（重复网格）右侧的手柄向右拖动以显示第二列。向下拖动底部的手柄以显示总共两行，结果如图 7.78 所示。

11. 转到 Finder（macOS）或 Windows 资源管理器（Windows），打开 Lessons> Lesson07> repeat_grid2 文件夹，然后在 Finder 窗口（macOS）或 Windows 资源管理器（Windows）中保持该文件夹处于打开状态。返回到 XD。在 XD 和文件夹显示的情况下，单击名为 1_Alnie.png 的图像，然后按住 Shift 键并单击名为 4_Janice.png 的图像以选择全部 4 个图像。

图 7.76

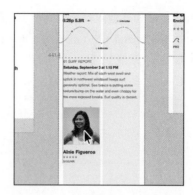

图 7.77

将其中一个图像拖放到重复网格中任意图像的顶部。当它出现蓝色突出显示时，释放鼠标左键以替换图像，如图 7.79 所示。

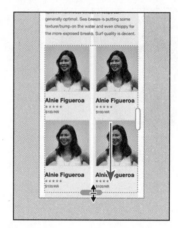

图 7.78

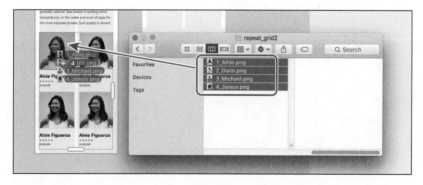

图 7.79

此时，可以编辑重复网格的每个单元格中的文本，添加或删除内容等。用户可以随意进行编辑，例如更改人员的姓名，如图 7.80 所示。

12. 将按钮和其他内容拖到图 7.81 所示的位置。

13. 按 Command + S（macOS）或 Ctrl + S（Windows）组合键保存文件。

14. 如果打算跳到下一课学习，可以打开 App_Design.xd 文件。否则，选择 File（文件）>
Close（关闭）（macOS），或者单击每个打开文档的右上角（Windows）中的 X（关闭）
按钮。

图 7.80

图 7.81

7.4　复习题

1. 解释对象模糊和背景模糊之间的差异。
2. 如何对内容应用渐变？
3. 什么是重复网格？
4. 描述如何替换重复网格中的一系列图像。
5. 说出两种将内容添加到重复网格的方法。

7.5　复习题答案

1. 背景模糊使用对象作为叠加层来模糊背后的内容。大多数情况下，用于模糊内容的覆盖对象是一个形状，并且形状的颜色填充和边框对结果没有影响。对象模糊是一种模糊所选内容（如形状或图像）的方法。
2. 通过单击属性检查器中的填充颜色，然后从颜色选择器顶部的菜单中选择线性渐变或径向渐变，将渐变应用于内容填充。
3. 在 Adobe XD 中，可以选择一个对象或一组对象并应用重复网格来轻松重复内容。通过将重复网格应用于内容，可以简单地在内容的底部或右侧拉动手柄，内容将按照您拉动的方向重复。当修改某个元素的任意样式时，该更改将被复制到网格的所有元素中。例如，如果在其中一个元素中对图像的角落进行四舍五入，则网格中所有图像的边角都会受到影响。
4. 为了替换重复网格中的图像，可转到 Finder（macOS）或 Windows 资源管理器（Windows）并打开一个文件夹。在 XD 和文件夹显示的情况下，将图像拖放到重复网格中任何图像的顶部。当蓝色突出显示出现时，释放鼠标左键以替换图像。
5. 通过在 Repeat Grid（重复网格）中双击内容，或通过在 "重复网格" 内按住 Command（macOS）或 Ctrl（Windows）键单击，进入编辑内容模式。然后，可以在重复网格中粘贴或创建内容。

第8课 原型

课程概述

本课介绍的内容包括：

- 了解原型；
- 探索设计模式与原型模式；
- 设置主屏幕；
- 为内容添加和取消链接；
- 在本地和设备上预览链接；
- 记录原型交互。

本课程大约需要 60 分钟完成。开始之前，请先将本书的课程资源下载到本地硬盘中，并进行解压。在学习本课时，将覆盖相应的课程文件。建议先做好原始课程文件的备份工作，以免后期用到这些原始文件时，还需重新下载。

　　原型是一种对画板（画面）之间的导航可视化的方式，并
被用作收集设计的可行性和可用性反馈的工具，以便节省开发
时间。在本课中，将从设计中创建一个工作原型，并在本地的
Adobe XD 和在设备上使用 Adobe XD 移动应用程序进行预览。

8.1 开始课程

在本课中，将从应用设计中创建一个原型，并在本地以及移动设备上进行测试。首先，打开一个课程完成文件来了解本课创建的内容。

1. 打开 Adobe XD CC。

2. 在 macOS 上，选择 File（文件）>Open（打开），如果"开始"屏幕没有打开任何文件，则单击"开始"屏幕中的 Open 按钮。在 Windows 上，单击应用程序窗口左上角的菜单图标（≡）并选择 Open，或者如果在没有文件打开的情况下，则单击"开始"屏幕中的（Open）按钮。打开名为 L8_end.xd 的文件，该文件位于复制到硬盘上的 Lessons> Lesson08 文件夹中。

3. 如果在应用程序窗口的底部看到有关丢失字体的消息，则可以单击消息右侧的 X 关闭它。

4. 按 Command + 0（macOS）或 Ctrl + 0（Windows）组合键查看所有设计内容，打开文件以供参考（见图 8.1），或者选择 File（文件）>Close（关闭）（macOS）或单击打开窗口（Windows）右上角的 X 关闭文件。

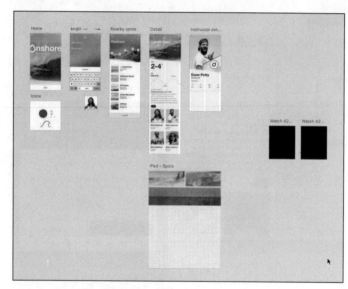

图 8.1

这个文件只是为了展示本课创建的内容。

8.2 创建一个原型

无论是在完成设计还是在设计过程中，都可以通过创建交互式原型来测试用户体验。原型可帮助用户可视化屏幕或线框之间的导航。收集对于设计的可行性和可用性反馈信息非常有用，这可以节省开发时间。例如，假设想要测试应用程序设计的结账（购买）流程，就可以生成一个原型，允许用户单击或单击按钮并进入下一个屏幕。这将让每个人都体验最终的应用程序的工作方式。

在 Adobe XD 中，我们将交互元素链接到目标屏幕。这意味着我们使用多种方法在画板、对象和其他画板之间创建链接（也称为连接），如图 8.2 所示。

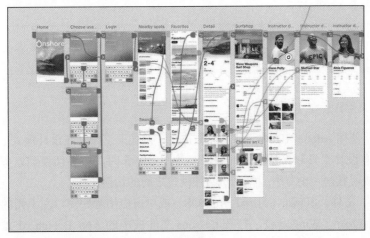

图 8.2

在图 8.3 中，Create Account 按钮的蓝色区域表示热点，或者互动区域。图中的箭头指向它。来自蓝色区域的蓝色连接线（也称为导线）表示热点与所产生的屏幕（画板）之间的连接（链接）。

图 8.3

在测试原型时，如果单击或单击 Create Account 按钮，将会出现一个转场动画，例如溶解或幻灯片效果，以显示下一个画板。

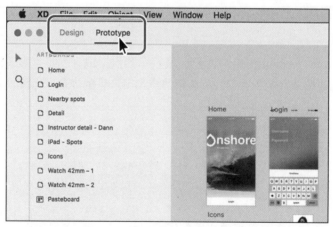

注意： 这只是交互式原型中连接的一个例子。当前文件看起来可能会不一样。

8.2.1 设计模式与原型模式

当第一次开始使用 Adobe XD 时，基本上都在设计模式下工作。在设计模式下，可以访问创建和编辑所需的所有设计工具和面板。当准备好开始原型制作时，需要切换到原型模式并创建任何必要的交互式连接。在这一小节中，将介绍两种模式之间的切换。

1. 选择 File（文件）>Open（打开）（macOS）或单击应用程序窗口左上角的菜单图标（☰），然后选择 Open（Windows），打开 Lessons 文件夹中的 App_Design.xd 文档（或保存它的位置）。

2. 按 Command + 0（macOS）或 Ctrl + 0（Windows）组合键查看所有设计内容。

注意，应用程序窗口的左上角列出了两种模式，即设计和原型。默认情况下，设计模式被选中。目前正处于设计模式，因为工具栏和属性检查器正在显示。

3. 单击 Design（设计）右侧的 Prototype（原型）切换到"原型"模式，如图 8.4 所示。

图 8.4

注意，工具栏现在仅显示"选择"和"缩放"工具，并且属性检查器处于隐藏状态。在原型模式下，仍然可以将内容导入或粘贴到设计中，复制和粘贴内容或画板，访问"资源"和"图层"面板，甚至可以从"资源"面板中将元件拖放到设计中。其他设计更改，例如创建内容或进行文本格式更改，则是不允许的。这时候，需要切换回设计模式。

4. 按 Control + Tab（macOS）或 Ctrl + Tab（Windows）组合键切换回设计模式。再按一次 Control + Tab（macOS）或 Ctrl + Tab（Windows）组合键以切换回原型模式。请确保在继续之前显示原型模式。

Control + Tab（macOS）或 Ctrl + Tab（Windows）组合键命令允许用户在设计模式和原型模式之间快速切换。

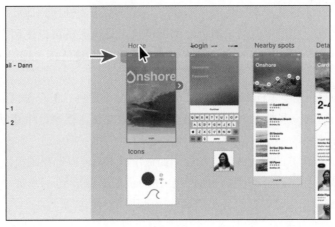

注意： 如果要使用"前言"中描述的跳读方法从头开始，则从 Lessons> Lesson08 文件夹中打开 L8_start.xd。用户的工作空间可能与本课中看到的数字看起来有所不同。

注意： 这些数字是在 macOS 上拍摄的。在 Windows 上，将看不到应用程序窗口上方的菜单。

注意： 如果文档中的画板为空（空白），则当进入原型模式时，会显示一条消息，告诉读者画板需要的内容。另外，如果文档中只有一个画板，当进入原型模式时，会显示一条消息，告诉用户将更多画板添加到该文档。

8.2.2　设置主屏幕

在原型模式中首先要做的一件事就是设置主屏幕。主屏幕是用户查看原型时遇到的第一个屏幕，用户可以将任何画板设置为主屏幕。如果还没有设置主屏幕，默认情况下，主屏幕是最上方最左边的画板（按照该顺序）。假设用户想将原型发送给同事，以获取有关设计的特定部分（如结账（采购）流程）的反馈信息。与其让同事在默认主屏幕（L8_start 文件中的 Home 画板）上启动，可以将结账过程的画板设置作为开始的主屏幕。这样，用户在他们打开原型时看到的第一个画板将是结账流程。

在本节中，将设置主屏幕以确保名为 Home 的画板是用户看到的第一个屏幕。

1. 在原型模式下，选择 Select(选择) 工具（▶），单击画板上方的名称 Home 以选择整个画板，如图 8.5 所示。

图 8.5

选择画板后，应该看到一个灰色的小形状，里面有一个白色的小屋子，称为主屏幕指示器，位于画板的左上角。如果缩小得足够小，将不会在主屏幕指示器中看到屋子图标。上图中的箭头指向它。如果选定的画板是主屏幕，则主屏幕指示灯将显示蓝色，并带有一个白色小屋图标。

2. 按 Command + 3（macOS）或 Ctrl + 3（Windows）组合键以放大画板，如图 8.6 所示。当进一步放大时，很有可能在画板的左上角看到白色小屋图标。

> **Xd** **注意：** 不要将主屏幕与 L8_start.xd 文件中名为 Home 的画板混淆。

3. 单击小灰框中的主图标以将名为 Home 的画板设置为主屏幕，如图 8.7 所示。

图 8.6

图 8.7

无论如何，名为 Home 的画板将默认为主屏幕，因为它是最顶端的最左边的画板。在此案例中，明确地将 Home 画板设置为主屏幕，以便稍后添加另一个画板，并使其成为最顶端的最左侧画板。

4. 在粘贴板的空白区域中单击画板以取消全部选择。

8.2.3　链接画板

随着应用程序的设计完成，现在将通过创建交互式原型来测试用户体验。这样，用户和其他人可以与原型进行交互。用户可以测试屏幕之间的链接，设计人员可以使用它来以可视方式描述屏幕与开发人员之间的交互，等等。在本节中，将学习如何创建链接（连接），然后再测试这些链接。

1. 按几次 Command + "−"（macOS）或 Ctrl + "−"（Windows）组合键以缩小 Home 画板。确保可以看到右边的一些画板。有可能需要按空格键并在文档窗口中拖动，以便看到更多的画板。

2. 单击 Home 画板上方的 Home 或 "图层" 面板中的 Home 以选择画板，如图 8.8 所示。

在 "原型" 模式下，当选择一个画板时，会在画板的右侧看到一个带小白箭头的蓝色形状（▶）。它在图 8.8 中被圈出。这被称为连接手柄，用于建立连接。

3. 将连接手柄从画板拖离，此时将看到一个连接线（蓝线）。将连接线拖动到 Login 画板的范围内。当在 Login 画板周围出现蓝色突出显示时，释放鼠标左键以将 Home 画板连接到

Login 画板，如图 8.9 所示。

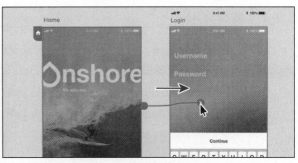

图 8.8   图 8.9

当测试原型时，无论是在 XD 的桌面预览还是在 Adobe XD 移动应用程序中，轻击主屏幕上的任何位置都会转到 Login 屏幕。

4. 在创建连接后出现的弹出窗口中，更改以下内容，如图 8.10 所示。

- Target（目标）：Login（目标是当用户单击或单击用户创建连接的画板或对象时出现的画面。）。
- Transition（过渡）：向左滑动（Slide Left）（过渡是一个屏幕替换另一个屏幕时发生的动画。）。
- Easing（缓动）：缓出（Ease out）（默认设置）。缓动让过渡感觉更自然。例如，缓出就意味着过渡一开始很快，并最终减速。
- Duration（持续时间）：0.4 秒（默认设置）。持续长度会影响从一个屏幕切换到下一个屏幕所需的时间。

图 8.10

5. 单击文档窗口的空白区域以隐藏菜单并取消选择画板。

注意连接线现在隐藏了。要在原型模式下查看连接线，需要选择内容和 / 或画板。

6. 单击 Home 或 Login 画板的名称（在画板上方）查看创建的连接线。

在蓝色连接线右端（在登录屏幕的左边），会在连接手柄（▶）中看到一个箭头。箭头表示连接的方向和结束。

7. 按 Command + S（macOS）或 Ctrl + S（Windows）组合键保存文件。

8.2.4　编辑链接

有时，需要删除连接，重新调整连接路由或更改连接选项。接下来，将编辑 8.2.3 节中创建的连接的选项。然后，删除该连接，并创建从 Home 画板上的对象到 Login 画板的连接。

1. 如果 Home 和 Login 画板之间的连接线仍然显示，则单击连接线两端的连接手柄以再次显示菜单。从 Transition 菜单中选择 Push Left，如图 8.11 所示。

图 8.11

当预览原型时，会看到幻灯片切换和推送切换之间的区别。幻灯片切换会将正在连接的画板滑过当前画板的顶部。推送切换则是当新的画板滑入时，将当前画板推开。

2. 将指针移到连接线的两端，然后从画板拖出到粘贴板的空白区域。释放鼠标左键以删除连接，结果如图 8.12 所示。

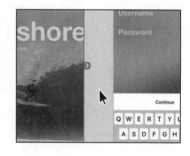

图 8.12

> **Xd** 提示：按 Esc 键或在弹出窗口外单击以将其解除。

> **Xd** 提示：将连接持续长度设置为 2 秒或 3 秒，然后测试原型以真正看到推送和幻灯片切换之间的区别。

> **Xd** 提示：单击连接手柄来打开弹出窗口，然后选择 Target（目标）>None（无）以取消与画板的链接。

现在，选择 Home 屏幕上的 Login 按钮，并从它创建一个连接到 Login 画板。

3. 单击画板上的空白区域以取消选择画板。

4. 单击名为 Home 的画板底部的 Login 按钮。

在原型模式中选择画板上的内容时，它将出现蓝色突出显示，并且会看到内容右侧带有箭头的连接手柄。用户可以将连接手柄拖到画板上，但不能拖到另一个对象上。

5. 将连接手柄拖动到 Login 画板。当 Login 画板出现蓝色边框时，释放鼠标左键，如图8.13 所示。

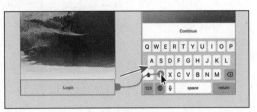

图 8.13

6. 在创建连接后出现的弹出窗口中，确保设置了以下内容，如图 8.14 所示。

- Target（目标）：Login。
- Transition（转换）：向左滑动 Slide Left。
- Easing（缓动）：Ease Out（缓出）。
- Duration（持续时间）：0.5（您需要输入值，因为 0.5 没有出现在菜单中，并按 Enter 或 Return 键接受更改。）

图 8.14

7. 按 Esc 键隐藏弹出窗口。

8. 按 Command + S（macOS）或 Ctrl + S（Windows）组合键保存文件。

Xd 提示：也可以将连接手柄直接拖到另一个画板上以更改链接。

8.2.5　预览链接

当开始添加连接并创建原型时，需要预览和测试交互和转换。用户可以使用多种方法执行此操作，包括桌面预览和 Adobe XD 移动应用程序。在本节中，将了解在预览窗口进行测试。在本课的后面，将学习更多关于预览的不同方法。

1. 单击应用程序窗口右上角的 Desktop Preview（桌面预览）（▶），如图 8.15 所示。

Preview（预览）窗口将以当前作为焦点的画板的大小打开。用户可以在预览窗口中预览时在原型中编辑设计和交互。这些更改即时可用于预览。

2. 通过顶部栏拖动预览窗口，以便在必要时可以看到大部分画板。

3. 单击 Home 画板上的任何内容并选中它，然后单击以选择 Login 画板中的内容，如图 8.16 所示。无论哪个画板是焦点（您正在处理的画板）都会显示在预览窗口中。在继续之前，请确保在预览窗口中显示 Home 画板。

图 8.15

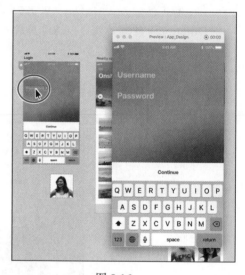

图 8.16

Xd | **提示：** 按 Command + Return（macOS）或 Ctrl + Enter（Windows）组合键打开预览窗口。

Xd | **注意：** 在接下来的几节中，在 Windows 上，可能需要按 Alt + Tab 组合键以在单击文档窗口后显示预览窗口。

---

4. 将指针移到预览窗口中的 Login 按钮上。指针变为一个手形（🖑），表示该区域中存在链接（连接）。单击按钮以查看 Login 屏幕，如图 8.17 所示。

单击按钮后，滑动转换动画后出现 Login 屏幕。

图 8.17

Xd 注意：上图的中间部分显示了从一个画板转换到另一个画板的快照。

5. 按左箭头键返回到预览窗口中的上一个（Home）屏幕。

通过按左或右箭头键轻松地在预览窗口中的屏幕之间进行导航。接下来，将更改 Login 按钮上的连接并实时预览更改。

6. 单击 Home 画板上的 Login 按钮（不在预览窗口中）。单击连接手柄打开弹出选项，从 Transition 菜单中选择 Slide Up（向上滑动），如图 8.18 所示。

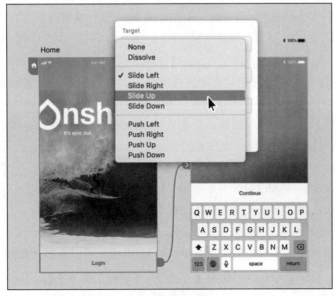

图 8.18

Xd 提示：可以在预览窗口中实时预览在画板上对内容所做的设计更改，而无需保存。

Xd 注意：有可能需要单击两次以选择 Login 按钮。第一次单击再次将焦点带到应用程序窗口，第二次单击选择按钮。

7. 单击 Preview（预览）窗口中的 Login 按钮以测试新的到 Login 屏幕的 Slide Up（向上滑动）效果，如图 8.19 所示，让预览窗口呈打开状态。

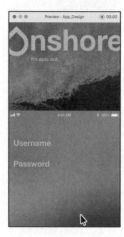

图 8.19

当对原型进行更改时，这些更改即时可用于预览，而无需先保存。

8. 按 Command + S（macOS）或 Ctrl + S（Windows）组合键保存文件。

8.2.6　链接练习

在本节中，将通过在画板之间创建更多连接来练习。说到原型，根据屏幕的数量和设计的复杂程度，很可能有很多连接。首先，确保您可以在文档窗口中看到 Home 和 Login 画板。

1. 单击登录屏幕上的 Continue 按钮，并创建到 Nearby Spots 画板的连接。在绘制连接后出现的弹出窗口中设置以下选项，如图 8.20 所示。

- Target（目标）：Nearby spots。
- Transition（过渡）：Push Left。
- Easing（缓和）：缓出 Ease Out（默认设置）。
- Duration（持续时间）：0.4s。

2. 单击文档窗口的空白区域以隐藏弹出窗口，确保用户可以看到 Nearby spots 画板和 Detail 画板。

3. 在 Nearby spots 画板上，单击 01 Cardiff Reef 文本左侧的小图。

图 8.20

图像是重复网格的一部分，现在以蓝色突出显示，右侧有一个连接手柄。默认情况下，在"原型"模式下，当选择重复网格、组或元件等对象时，将选择整个对象。用户可以从整个对象或对象的各个部分创建连接，以链接到另一个画板。

4. 双击小图像将其选中，而不是选中 Repeat Grid（重复网格），如图 8.21 所示。

图 8.21

接下来，将学习预览模式创建连接的另一种方式。

> **Xd** 提示：按住 Command（macOS）或 Ctrl（Windows）键并单击图像进行选择。

5. 单击图像右侧的连接手柄（⏵）而不拖动（在图 8.22 中圈出）。在弹出的窗口中，设置以下选项。

- Target（目标）：Detail（不必将连接手柄拖到画板上，只需从目标列表中选择它即可，这也是能够定位不同画板的好方法）。
- Transition（过渡）：Dissolve（溶解）（溶解通常是网站原型的一个很好的过渡）。
- Easing（缓动）：Ease Out（缓出）（默认设置）。
- Duration（持续时间）：0.2。

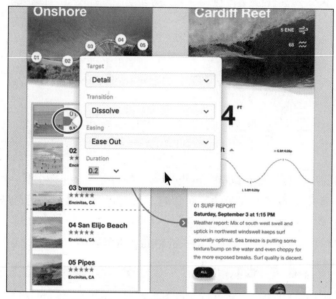

图 8.22

6. 在 Preview（预览）窗口中显示 Nearby spots 画板时，单击"01 Cardiff Reef"文本左侧的图像以查看转到 Detail 屏幕的过渡动画。

在画板之间建立连接并测试这些连接是测试屏幕流动的好方法。用户可以轻松添加、编辑或删除任何连接。

7. 如果需要，单击文档窗口的空白区域以隐藏弹出窗口。

8. 关闭预览窗口。

9. 按 Command + S（macOS）或 Ctrl + S（Windows）组合键保存文件。

Xd **注意：** 您可能需要将预览窗口移开。

8.2.7 复制和编辑内容

在预览模式下（不是在设计模式下），当复制画板或制作与其连接的内容的副本时，连接将保留在副本中。用户也可以将交互内容（而不是内容）从一个对象或画板复制并粘贴到另一个对象或画板上。如果用户的内容具有相同的连接，例如跨多个画板的页脚，则这将节省时间。接下来，您将复制从一个对象到另一个对象的交互，并复制粘贴具有从一个画板到另一个画板的交互的内容。

1. 放大 Login 画板的上半部分，然后单击画板。

2. 选择 File（文件）>Import（导入）（macOS），或单击应用程序窗口左上角的菜单图标（☰），然后选择 Import（Windows）。导航到 Lessons > Lesson08 > images 文件夹。单击以选择名为 nav_icons.svg 的图像。单击 Import，结果如图 8.23 所示。

3. 将您导入的内容向上拖动到 Login 画板顶部附近，如图 8.24 所示。

图 8.23

图 8.24

在"预览"模式下，可以导入或粘贴新内容（如图形），也可以重新定位该内容。接下来，将从左侧的箭头（<）添加一个连接到刚导入的 Login 文本的左侧。问题在于，用户单击或单击的区域会非常小——只有箭头的大小。用户可以添加透明矩形（或其他形状）以用作热点。

4. 按 Control + Tab（macOS）或 Ctrl + Tab（Windows）组合键切换回设计模式。

5. 在工具栏中选择 Rectangle（矩形）工具，并在箭头（<）图标顶部绘制一个小矩形。在属性检查器中将不透明度更改为 0，如图 8.25 所示。

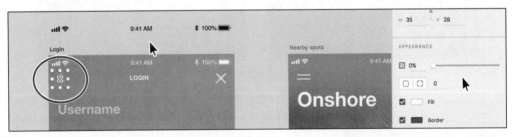

图 8.25

> **Xd** 注意：nav_icons 可能会显示在 Nearby spots 画板上。

> **Xd** 注意：我的第一直觉是直接关闭矩形的填充和边框。不幸的是，这会使原型模式难以选择。

6. 按 Command +"–"（macOS）或 Ctrl +"–"（Windows）组合键缩小，直到不再在矩形的角上看到转角半径部件，如图 8.26 所示。

接下来，将拖动该矩形的副本。

7. 选择 Select（选择）工具（▶），然后按住 Option（macOS）或 Alt（Windows）键向右拖动矩形向右，将其放在 X 上，如图 8.27 所示。释放鼠标左键，然后按键以创建副本。

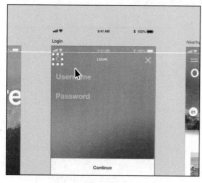

图 8.26

图 8.27

8. 按 Control + Tab（macOS）或 Ctrl + Tab（Windows）组合键切换回原型模式。

9. 在箭头（<）上单击矩形将其选中，如图 8.28 所示。单击（不要拖动）连接手柄，在弹出的菜单中更改以下内容。

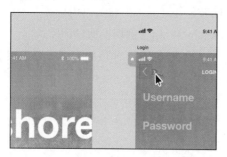

图 8.28

- Targe（目标）：Previous Artboard（上一个画板）（这将创建一个从 Login 画板到上次查看的任意画板的连接。）选择 Previous Artboard 后，箭头（<）上的连接手柄现在显示为曲线箭头（🔄），没有线连接到另一个画板。

10. 在箭头（<）上继续选择矩形，右键单击它并选择 Copy（复制），如图 8.29 所示。

Xd 注意：如果看不到转角半径部件，可能是因为画面缩得太小。

图 8.29

11. 将指针移动到 X 上的矩形上。当看到矩形中出现蓝色突出显示时，右键单击并选择 Paste Interaction（粘贴交互），如图 8.30 所示。

图 8.30

交互从一个矩形粘贴到另一个矩形，如图 8.31 所示。

12. 按 Command + S（macOS）或 Ctrl + S（Windows）组合键保存文件。

8.2.8 整理完成

要完成连接，需要将 Login 画板顶部的内容复制到"Detail"画板顶部。这样做将保持连接完好无损。

1. 如果矩形仍处于选中状态，则按住 Shift 键并单击 LOGIN 文本，并在左侧的箭头（<）上方单击矩形，以选择这些对象，如图 8.32 所示。

2. 按 Command + C（macOS）或 Ctrl + C（Windows）组合键将其全部复制。

3. 单击 Detail 画板。用户可能需要平移或缩小。按 Command + V（macOS）或 Ctrl + V（Windows）组合键将其全部粘贴，如图 8.33 所示。

图 8.31

图 8.32

图 8.33

不仅内容被粘贴，而且每个矩形上的连接也被保存。

4. 按住 Command（macOS）或 Ctrl（Windows）键并单击刚刚粘贴的 LOGIN 文本。双击

LOGIN 文本将其选中，并将其更改为 DETAIL，如图 8.34 所示。

图 8.34

5. 按 Command + 0（macOS）或 Ctrl + 0（Windows）组合键查看所有内容。
6. 按 Command + Shift + A（macOS）或 Ctrl + Shift + A（Windows）组合键取消选择所有内容。
7. 按 Command + S（macOS）或 Ctrl + S（Windows）组合键保存文件。

8.3 在本地预览您的原型

在创建原型之后，可以使用它来对设计进行可用性测试，并在开发过程的后期进行变更。在本课早些时候，开始使用预览窗口实时地在本地测试原型。另一种测试方法是在 iOS 和 Android 上使用 Adobe XD 的配套移动应用程序。本课程后面的部分将详细介绍如何使用移动应用程序进行预览和测试。使用预览或测试方法，可以进行更改并立即将其应用到手机或平板电脑上，以便用户的体验完全符合需求。

8.3.1 在本地预览

在本节中，将更多地了解预览窗口，包括实时更新设计内容和链接（连接）并记录原型中的交互（仅限 macOS）。

1. 选择 Select（选择）工具（▶）后，单击内容以外的空白区域以确保取消选择所有内容。
2. 按 Command＋Return（macOS）或 Ctrl＋Enter（Windows）组合键打开预览窗口。

主屏幕应显示在预览窗口中，如图 8.35 所示。Preview（预览）窗口具有 Home 画板的大小（100%），在此案例中，它是名为 Home 的画板。

3. 如果尚未显示，则按 Command + Y（macOS）或 Control + Y（Windows）组合键打开"图层"面板。单击名为 iPad-Spot 的画板，如图 8.36 所示。

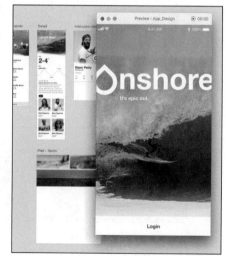

图 8.35

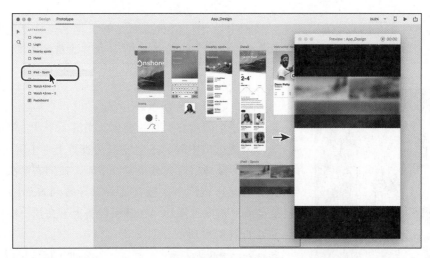

图 8.36

iPad-Spot 画板现在显示在预览窗口中，并且按比例缩小以适合预览窗口。

4. 单击"预览"窗口角落中的红色关闭按钮（macOS）或 X（Windows）将其关闭。

5. 按 Command + Return（macOS）或 Ctrl + Enter（Windows）组合键再次打开预览窗口，如图 8.37 所示。

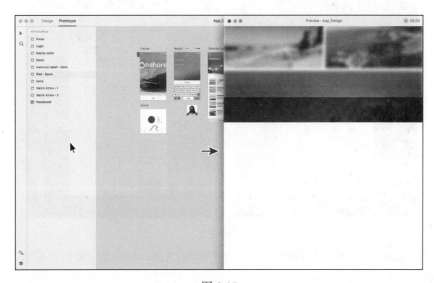

图 8.37

iPad-Spot 画板仍然是活动画板，所以预览窗口现在与 iPad-Spot 画板大小相同。

> **注意**：在接下来的几节中，在 Windows 上，可能需要单击 App_Design.xd 文档窗口与文档进行交互，然后按 Alt + Tab 组合键显示预览窗口。

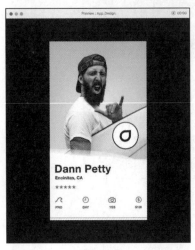

图 8.38

6. 按向左箭头几次以在屏幕之间导航，直至看到 iPhone 大小的屏幕，如图 8.38 所示。

7. 导航到与它们没有关联的屏幕。当第一个（主屏幕）屏幕出现在预览窗口中时，按向左箭头查看上一个屏幕不起作用。最后一个屏幕出现在预览窗口中时，按向右箭头查看下一个屏幕不起作用。多次按左箭头键导航到 Nearby spots 画板。拖动或双指向上拖动（在触摸设备上）在预览窗口中垂直滚动，如图 8.39 所示。

   Nearby spots 画板被设置为垂直滚动（默认情况下），并且在第 7 课中为了滚动内容而设置得更高。

8. 单击预览窗口角落中的红色关闭按钮（macOS）或 X（Windows）将其关闭。

9. 单击内容以外的空白区域，确保取消选中所有内容。

图 8.39

10. 按 Command + Return（macOS）或 Ctrl + Enter（Windows）组合键打开预览窗口，并将画板集显示为主屏幕。

使用此键盘命令，无论选择哪个画板（第一个），设置为主屏幕（第二个），还是在最上方，最左侧的位置都将显示在预览窗口中。

11. 单击 Detail 画板上标题图像下方的"SURF，2-4 FT ..."内容以选择它，如图 8.40 所示。此时会看到画板现在出现在"预览"窗口中。向上或向下拖动内容，它应该在预览窗口中实时更改。

图 8.40

更改的设计更改和原型链接将在预览窗口中自动更新，而无需保存。

全屏桌面预览

用户还可以在全屏模式下预览和测试设计。例如，如果需要向客户展示原型或设计，这可能非常有用。

图 8.41

- 单击预览窗口（macOS）左上角的绿色全屏按钮，或单击"最大化"按钮（Windows），如图 8.41 所示。

原型窗口将扩大并填满整个屏幕。这是专注于原型而不会被应用程序分散注意力的好方法。

- 按 Esc 键（macOS）或单击 Restore Down 按钮（Windows）退出全屏模式。

8.3.2 记录原型交互（仅限 macOS）

在测试设计或原型时，可能希望与其他人分享交互。使用预览窗口，可以记录原型交互并仅在 macOS 上以 MP4 格式创建视频。在本节中，将录制原型互动视频。

1. 单击灰色粘贴板以确保取消选择所有内容。
2. 按 Command + Return（macOS）或 Ctrl + Enter（Windows）组合键在预览窗口中显示主屏幕。
3. 单击预览窗口右上角的记录选项（时间码或左侧的圆圈），并将指针放入窗口中，如图 8.42 所示。

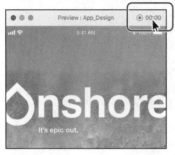

图 8.42

指针现在显示为一个圆圈，这使得在视频中更容易看到并跟随。注意，右上角的计时器现在正在跟踪时间。

4. 单击 Login 按钮以转换到 Login 屏幕，如图 8.43 所示。

图 8.43

> **Xd** | **注意**：拍摄的视频不能记录音频，只能记录视频。

5. 按 Esc 键停止录制。在出现的对话框中，确保名称为 App_Design，导航到 Lessons> Lesson08 文件夹，然后单击 Save（保存），如图 8.44 所示。此时可以关闭预览窗口。

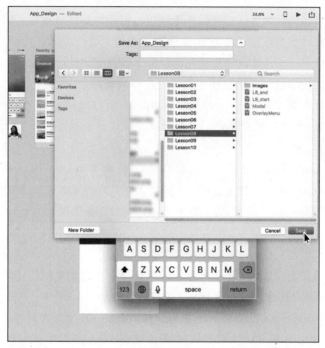

图 8.44

使用这种方法记录原型交互性很容易，并且是与其他人分享交互性的好方法。视频文件保存后，可以使用任意方法分享，如图 8.45 所示。

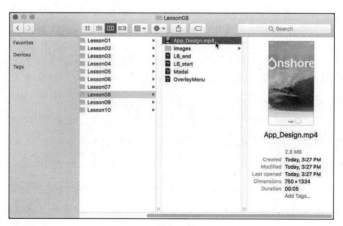

图 8.45

注意： 当切换离开应用程序或"预览"窗口不再有焦点时，录制也会停止。

8.4 在设备上预览

使用"预览"窗口在 Adobe XD 中进行本地预览，可能是测试链接并了解用户设计的效果的有效方法。要真正体验设计原型，应该在 iPhone 等物理设备上进行测试。免费的 Adobe XD CC 移动应用程序可预览在 iOS 和 Android 设备上使用 Adobe XD 创建的设计。

有两种方法可以在使用移动应用程序的设备上进行测试。

- 通过 USB 实时预览（仅适用于 macOS 的 Adobe XD Desktop）：可以通过 USB 将多台设备连接到运行 Adobe XD 的计算机，在桌面上更改设计和原型，并实时预览所有连接的移动设备。
- 从 Creative Cloud Files 文件夹（可用于在 macOS 或 Windows 10 上的 Adobe XD 中创建的文档）加载 Adobe XD 文档（.xd）：如果将 XD 文档放置在桌面上的 Creative Cloud Files 文件夹中，则可以将它们加载到设备上，并在移动设备上使用 Adobe XD。

8.4.1 设置

在本节中，将在设备上设置 Adobe XD 移动应用程序。下面需要执行几项操作。

- 通过互联网访问下载并登录到 Adobe XD 移动应用程序。
- 免费或付费的 Creative Cloud 账户（最好是在 Adobe XD 中使用的 Creative Cloud 账户）。
- 适用于 iOS（iPhone 和 iPad）或 Google Play 商店（Android 手机和平板电脑）的 App Store 上的免费 Adobe XD 应用程序。

在设备上安装移动应用程序后，启动应用程序，然后使用以下方法之一在移动设备上登录到 Adobe XD。

- 如果拥有免费或付费的 Creative Cloud 账户，则单击 Sign In（登录）并使用 Adobe ID 登录。
- 如果没有 Creative Cloud 账户，则单击 Sign In With Facebook or Google（使用 Facebook 或 Google 登录）（以使用已拥有的其中一项服务的账户），或单击 Sign Up（注册）创建 Adobe ID，如图 8.46 所示。

注意： 截至撰写本文时，无法以无线方式连接到运行在 macOS 上的 Adobe XD 副本。

登录后，将看到应用主屏幕。默认情况下，在主屏幕上，会看到保存到 Creative Cloud 的所有 XD 文档。如果还没有将任何内容保存到 Creative Cloud Files 文件夹中，则屏幕将如图 8.47 所示。8.4.3 节将介绍有关保存到 Creative Cloud 的文档的更多信息。

在屏幕的底部（在图 8.47 中圈出）将看到 XD Documents（默认选择）、Live Preview 和 Settings 选项。Live Preview 选项用于预览在 Adobe XD 桌面（当前仅限 macOS）中打开的文件，而 Settings 选项可以实现注销、检查存储使用情况等。

图 8.46

图 8.47

8.4.2 通过 USB 预览（仅限 macOS）

目前，通过 USB 预览或实时预览（Live Preview）仅适用于 macOS，因此 Windows 用户可以跳到 8.4.3 节学习。在本节中，将在 macOS 设备上测试在 Adobe XD 中打开的 App_Design.xd 原型。

1. 将移动设备连接到运行 Adobe XD 的计算机的 USB 端口上。检查 Creative Cloud 桌面应用程序，确保桌面计算机上的 Adobe XD 副本是最新的。

2. 单击屏幕底部的实时预览（Live Preview）选项，如图 8.48 所示。

Live Preview（实时预览）屏幕随即打开，屏幕中央可能会出现说明，提示用户将设备连接到桌面和 / 或在桌面上的 XD 中打开 XD 文档。

3. 确保桌面计算机上显示 Adobe XD，并且显示 App_Design.xd 文件。主屏幕（或当前选定的屏幕）应显示在设备上的移动应用程序中。

图 8.48

 提示：通过单击属性检查器的 Grid（网格）部分中的 Use Default（使用默认值）按钮，可以恢复为默认的方形或布局网格外观。

注意：设备需要解锁。在 macOS 上，根据计算机的设备和操作系统，iTunes 可能会打开。

如果电脑上 XD 中打开的设计没有出现在设备上，则可以断开连接并重新连接到机器的 USB 端口上，如图 8.49 所示。用户也可以关闭并在移动设备上启动 Adobe XD 应用程序。

图 8.49

上面是通过 USB 电缆将 iPhone 连接到笔记本电脑的示例。

4. 在 Adobe XD 中，如果预览窗口仍处于打开状态，可以关闭它。单击应用程序窗口右上角的设备预览（📱），查看已连接设备的列表（仅限 macOS），如图 8.50 所示。

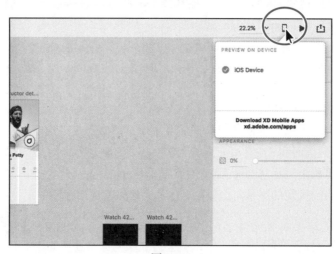

图 8.50

如果有多台设备通过 USB 连接到台式机，并且它们设置为传输数据，则它们将全部出现在 Preview On Device（在设备上预览）窗口中。

5. 在设备上显示主屏幕后，单击屏幕底部的 Login 按钮以导航到 Login 屏幕。

> **注意**：如果没有在原型模式中创建交互（连线），则可以左右滑动浏览移动设备上的画板。只要创建交互（线），将无法使用滑动进行导航。其原因是，由用户定义的交互被保留，而不是让用户（可能测试您的原型）错误地用滑动手势导航到特定的画板。

> **注意**：如果在 Android 设备上进行测试，请确保设置为通过 USB 端口传输数据，而不仅仅是传输电源（充电模式）。

> **注意**：在桌面上的 Adobe XD 中，可能会看到一个通知，表示在移动设备上进行预览时，字体将发送到设备上。如果看到此消息，则单击 OK。注意，某些字体供应商不允许传输、显示和分发他们的字体。

> **提示**：在 Windows 上，可以单击应用程序窗口右上角的设备预览（□），查看将文件移动到 Creative Cloud 的选项。

6. 在设备的 Login 屏幕上，单击屏幕上没有链接的区域，以查看蓝色热点提示。图 8.51 的箭头指向热点提示。

默认情况下，蓝色热点提示出现在 Adobe XD 原型中创建连接的位置。用户可以在移动应用设置中关闭热点提示。

7. 单击 Continue 按钮移至下一个屏幕（Nearby spots）。在继续之前，请确保移动应用中显示 Nearby spots 画板。

8. 在桌面上 Adobe XD 的 App_Design 文件中，选择 Select（选择）工具（▶），将 Nearby spots 画板上的其中一个数字向屏幕顶部拖动，以实时查看移动应用预览更改，如图 8.52 所示。

9. 按 Command + Z（macOS）或 Ctrl + Z（Windows）组合键撤消移动对象。

10. 如果未打开，则长按设备屏幕以打开 Adobe XD 菜单。单击屏幕左上角 App_Design 名称左侧的箭头，返回到移动应用程序主屏幕，此时将在屏幕底部看到查看选项，如图 8.53 所示。

> **注意**：在移动设备上查看原型时，如果设备上不存在所需字体，则会收到警报消息。字体将被替换为可用的字体。

> **注意**：用户可以轻松关闭上一部分中看到的蓝色热点提示。其方法是长按显示选项，然后单击 Hotspot Hints toggle（热点提示切换）。

图 8.51 图 8.52

图 8.53

11. 断开设备上的 USB 电缆。在设备上继续打开移动应用程序以用于下一部分的设计。

由于将在第 8.4.3 节中从 Creative Cloud 加载文件，因此无需连接它。如果想返回到 XD 文档的实时预览，则需要重新连接 USB 电缆。

用户可以拔下 USB 电缆并继续查看和测试原型的缓存版本。但是，如果没有连接，在桌面上的 Adobe XD 中进行更改，将不再进行实时更新。如果在同一会话中重新连接电缆，并且设计文件仍在 Adobe XD 中打开，则应用程序屏幕将在设备上刷新。

从设备上删除下载的 XD 文件

要控制移动设备上的存储空间，可以通过单击 Setting（设置）>Preferences（首选项）（登录后从应用程序主屏幕）删除下载的文件。

在这里可以查看使用的本地空间容量，然后单击 Remove Offline Documents（删除脱机文档）以删除下载到设备的 XD 文档。

您还可以通过选择文件并禁用 Available offline Option（可用脱机选项）来删除单个文件。

——来自 Adobe XD Help

8.4.3　预览 XD 文档

在 Adobe XD 移动应用程序中，还可以查看存储在 Creative Cloud 上的文档。Creative Cloud 存储内容与登录到移动应用程序的 Adobe ID 绑定。为了从 Creative Cloud 中打开文档，首先需要将文档保存到 Creative Cloud 中，这将在下一步中完成。

1. 在桌面上的 Adobe XD 中，打开 App_Design 文件，选择 File（文件）>Save As（另存为）（macOS）或单击应用程序窗口左上角的菜单图标（≡），然后选择 Save As。在"另存为"对话框中，导航到本地 Creative Cloud Files 文件夹，然后单击保存以将当前文件保存到 Creative Cloud Files 文件夹中，如图 8.54 所示。

通过保存在 Creative Cloud Files 文件夹中，可以将副本保存在计算机上的本地文件夹中，然后与 Creative Cloud 进行同步。要查看保存在 Creative Cloud 中的设计文件，无需将移动设备连接到在桌面上运行 Adobe XD 的计算机的 USB 端口。但是需要在设备上访问互联网。

2. 在设备上的 Adobe XD 移动应用程序中，单击 XD 文档。在出现的文件列表中，单击 App_Design.xd 以加载文档，如图 8.55 所示。

该文件缓存在设备上，这意味着文件同步后不需要 Internet 连接。这也意味着，由于它被缓存，所以没有实时更新。如果在 Adobe XD 中更改设计文件，需要将文件重新保存到 Creative Cloud Files 文件夹中，然后在 Adobe XD 移动应用程序中再次打开它。

Xd | 注意：为了执行此步骤，需要访问 Creative Cloud 订阅附带的存储空间。

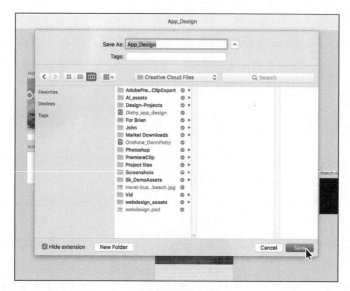

图 8.54

图 8.55

Xd | 注意：显示的文件列表与图中的文件可能不同。

Xd | 提示：要刷新与 Creative Cloud 同步的 XD 文档列表，或更新列表中已经编辑并保存在 Adobe XD 中的文档，请拉下 XD 文档屏幕并释放。

8.4.4　探索 Adobe XD 移动应用程序设置

Adobe XD 移动应用程序在通过长按访问的菜单中提供了一系列设置。这些设置可以更轻松地导航更大的原型，允许拍摄屏幕截图、允许切换选项，等等。接下来，将介绍菜单选项。

1. 在设备上打开 Adobe XD 移动应用程序，并预览 App_Design.xd 文件后，长按设备屏幕以打开菜单。

此时会在屏幕底部出现的菜单中看到一系列选项，如图 8.56 所示。

图 8.56

2. 点击菜单中的 Browse Artboards（浏览画板），显示设计中不同画板的小缩略图。

3. 滑动以上下滚动。当前设计文件中的每个画板都显示为较小的缩略图，其上方显示了画板名称，如图 8.57 所示。

注意： 通过 USB 预览（仅适用于 macOS）后，长按后，Share Prototype Link（共享原型链接）选项不会出现在选项列表中。如果原型已在 Adobe XD 中发布，则 Share Prototype Link（共享原型链接）不再变暗。例如，单击它可以实现通过电子邮件分享原型链接。

---

4. 单击 Instructor Detail - Dann 画板缩略图以查看该画面。

5. 长按设备屏幕再次打开 Adobe XD 菜单。

共享此屏幕作为图像（Share This Screen As Image）选项可捕获当前屏幕的截图（见图 8.58），可以通过社交媒体、电子邮件等进行分享。屏幕截图保存为 JPEG 格式。

6. 如果点击了 Share This Screen As Image（共享此屏幕作为图像），则单击 Cancel 取消。

7. 可以关闭设备上的应用程序。

图 8.57

图 8.58

8. 回到桌面的 Adobe XD 中，如果计划跳到下一课学习，则可以打开 App_Design.xd 文件。否则，选择 File（文件）>Close（关闭）（macOS），或者单击每个打开文档的右上角（Windows）中的 X。

> **注意**：可能看不到图中第二部分所示的相同共享选项，这取决于设备上安装的内容。

8.5 复习题

1. 简要描述"主屏幕"的含义。
2. 可以在原型中建立哪两种类型的连接？
3. 描述如何在原型 Prototype 模式下编辑连接。
4. 描述如何在 Adobe XD 中的原型中记录交互性（仅限 macOS）。
5. 在移动应用程序中预览的哪种方法——通过 USB 还是查看 Creative Cloud 文件，可实现实时更新？

8.6 复习题答案

1. 主屏幕是用户在查看用户的应用或网站原型时遇到的第一个屏幕。默认情况下，主屏幕是最顶端的最左边的画板（按此顺序）。
2. 可以在 Adobe XD 原型中创建的两种连接类型是内容和画板之间的连接，或者画板和画板之间的连接。
3. 要在原型模式下编辑连接（链接），选择链接的内容或画板或所有内容。然后，可以将连接线从链接的内容中拖出并释放以将其删除，或者将连接线从另一个画板拖出。
4. 为了在桌面上记录 Adobe XD 中的交互性，首先需要打开预览窗口。在预览窗口中，单击预览窗口右上角的记录选项（时间代码或左边的圆圈），并将指针放入窗口中。在测试原型后，按 Esc 键停止录制。在出现的对话框中，为视频文件命名并单击保存。
5. 只有在移动应用程序中通过 USB 进行预览才能进行实时更新。

第9课　共享您的原型

课程概述

本课介绍的内容包括：

- 不同的分享方式；
- 共享原型；
- 更新共享原型；
- 评论共享原型；
- 管理共享原型。

　　本课程大约需要 30 分钟完成。开始之前，请先将本书的课程资源下载到本地硬盘中，并进行解压。在学习本课时，将覆盖相应的课程文件。建议先做好原始课程文件的备份工作，以免后期用到这些原始文件时，还需重新下载。

与他人共享项目是设计周期的重要部分，因为它可以以评论的形式收集反馈，等等。

9.1 开始课程

本课将讲解共享原型的不同方法，学习如何处理评论以及管理共享原型。

1. 打开 Adobe XD CC。

2. 在 macOS 上，选择 File（文件）>Open（打开），或者如果"开始"屏幕没有打开任何文件，则单击"开始"屏幕中的 Open 按钮。在 Windows 上，单击应用程序窗口左上角的菜单图标（≡）并选择 Open，或者如果在没有文件打开的情况下，单击"开始"屏幕中的 Open 按钮，打开 Lessons 文件夹中的 App_design.xd 文档（或保存它的位置）。

3. 按 Command + 0（macOS）或 Ctrl + 0（Windows）组合键查看所有内容，如图 9.1 所示。

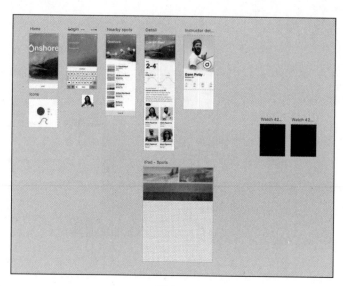

图 9.1

9.2 原型概述

第 8 课讲到，可以在桌面版本的 Adobe XD 和 Adobe XD 移动应用程序中查看、测试设计和原型。如果需要与其他人共享设计和原型，并且可能收集关于设计或交互性的反馈，则可以使用桌面版本的 Adobe XD 中的 Share（共享）功能。用户可以选择分享正在从事的任何工作，从没有交互性的、正在进行的设计到完全互动的原型，不一而足。Adobe XD 允许用户通过以下方式发布。

> **Xd** **注意**：如果尚未将本课程的项目文件下载到计算机，请务必立即执行此操作。请参阅本书的"前言"。

> **Xd** **注意**：如果使用"前言"中描述的跳读方法从头开始，则从 Lessons> Lesson09 文件夹中打开 L9_start.xd。

- 可以将保存到 Adobe Creative Cloud 账户的原型发布到网上，也可以通过链接向他人分享，让访问者在自己的浏览器中查看和评论。原型共享旨在促进检查和反馈。
- 与他人分享设计规格。开发人员可以检查设计的尺寸、颜色和字符样式，并复制它们以在其他应用程序中开发应用程序或网站时使用（将在第 10 课中了解有关设计规范的所有内容）。

当共享一个原型（不是设计规格）时，可以允许他人进行评论。通过在浏览器中进行评论，评论的内容与共享原型一起存储在 Creative Cloud 中。用户共享的项目与用于登录到 Adobe XD 的 Adobe ID 相关联。本课将学习如何共享和管理原型，提供和接收反馈以及更新项目。

9.3 共享原型

到目前为止，我们已经创建了一个冲浪应用的原型，这至少是一个好开始。在本节中，将分享该原型以收集关于设计和用户体验的反馈。

1. 单击应用程序窗口右上角的 Share（共享）（⬆），打开"共享"窗口，如图 9.2 所示。

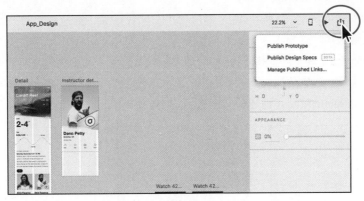

图 9.2

要访问"共享"窗口，显示的是设计或原型中哪种模式并不重要。目前图 9.2 中显示的是设计模式。

在出现的共享窗口中，有两个共享选项：发布原型和发布设计规格。本节将着重于发布原型。可以使用此方法将原型发布到 Web 上。该方法通过提供可以与其他人共享的链接，以便在其浏览器中查看和评论。

注意：要使用 Adobe XD Share 功能共享原型，必须使用 Adobe 账户登录到 Adobe Creative Cloud 应用程序或任何其他 Adobe 应用程序。

2. 在 Share（共享）窗口中选择 Publish Prototype（发布原型），如图 9.3 所示。
3. 在出现的 Publish Prototype（发布原型）窗口中，设置以下选项。
- Title（标题）：Onshore App（在浏览器中查看共享原型时和在管理共享链接时出现该标题。该命名可以是区分共享项目版本的有用方法）。

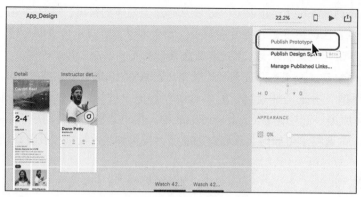

图 9.3

- Allow Comments（允许评论）：取消选中（如果选择此选项，用户可以在浏览器中对原型进行评论，用户可以使用 Creative Cloud ID 进行登录或作为访客评论，对于此示例，我们不需要用户发表评论在原型上）。
- Open In Full Screen（全屏打开）：取消选中（默认设置，如果希望用户单击链接时全屏打开原型，请选择此选项）。
- Show Hotspot Hints（显示热点提示）：选中（默认设置，此选项允许用户在原型中查看热点提示，如果用户在非交互式区域单击，交互式区域会突出显示，显示用户可以单击的位置）。

4. 单击 Create Public Link（创建公共链接），准备共享项目，如图 9.4 所示。

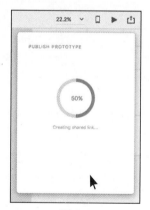

图 9.4

> **Xd** 注意：原型可能需要一些时间才能发布，这取决于网络连接速度。

原型创建并保存到 Creative Cloud 后，会在 Publish Prototype（发布原型）窗口中看到更多选项。要在系统的默认浏览器中查看原型，可以单击 Open Link（打开链接）。要与他人共享原型的链接，可以单击 Copy Link（复制链接）。通过复制链接，可以将其粘贴到电子邮件中，以便与其他人共享。要了解 Copy Embed Code（复制嵌入代码）选项，可参阅下文的"在网页中嵌入共享原型"。

5. 在 Publish Prototype（发布原型）窗口中单击 Open Link（打开连接），在计算机的默认浏览器中打开原型，如图 9.5 所示。

原型将在默认浏览器中打开。原型主屏幕位于浏览器窗口的中心，并且是 Adobe XD 中名为 Home 的画板的大小（在本案例中），如图 9.6 所示。在原型上方，会看到共享时设置的原型标题以及生成的日期和时间。

在网页的右上角，会看到一个登录位置（或者如果您已经登录，则是退出），以及一种预览全屏（⚡）的方式。在主屏幕下方，将看到用于在画板之间导航的左箭头和右箭头，用于返回主屏幕的主图标（🏠）以及画板计数器。

图 9.5

图 9.6

要查看共享项目，我们不需要使用 Adobe ID 登录。任何有权访问该链接的人都可以在他们的桌面浏览器或其设备上的浏览器中查看原型。

提示：还可以链接到设计中的特定画板。在浏览器中打开原型后，导航到特定的画板。复制该画板的网址。然后可以与其他人共享该 URL，并且他们看到的第一个屏幕将是我们在复制 URL 时在浏览器中看到的画板。

注意：全屏隐藏浏览器窗口中的所有选项，并用黑色填充浏览器窗口的背景。要退出全屏模式，按 Esc 键。

6. 通过单击主屏幕与原型进行交互，以查看可用的热点提示。单击主屏幕上的 Login（登录）按钮导航到下一个画板，如图 9.7 所示。

如果我们的设计包含连接，则仅上载和共享直接或间接（通过其他画板）连接到 Home 画板的画板。

7. 单击画板下方的主页图标（🏠）返回主屏幕，如图 9.8 所示。

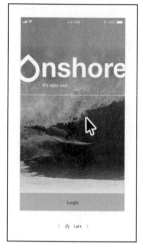
图 9.7

图 9.8

8. 关闭浏览器窗口并返回到 Adobe XD。

在网页中嵌入共享原型

在 Adobe XD 中共享的原型可以嵌入到支持嵌入式框架（iFrame）的任何网页中。例如，如果想在 Web 中展示使用 Adobe XD 所做的工作，这可能很有用。

以下是如何从开放的 Adobe XD 文件中复制以前共享的原型的嵌入代码：

- 在 Adobe XD 中，单击应用程序窗口右上方的 Share（🔼），在出现的窗口中单击 Publish Prototype（发布原型）。

- 在打开的"发布原型"窗口中，单击 Copy Embed Code（复制嵌入代码）。当嵌入代码被复制到剪贴板时，按钮上出现 Code Copied（代码复制），代替了 Copy Embed Code（复制嵌入代码），如图 9.9 所示。

图 9.9

通过复制代码，可以将其粘贴到网页的代码中，或将其发送给其他人。下面是为 Onshore App 原型生成的嵌入代码示例：

```
<iframe width ="377"height ="667"src ="https://xd.
adobe.com/embed/4f5fef70-3e00-4efd-a335-d0ddb0e1f753
"frameborder ="0"allowfullscreen> </ iframe>
```

9.3.1　更新共享原型

在共享原型之后，我们可能会决定仅分享其中的一部分——例如，可能是特定的屏幕流或收集网页设计特定部分的反馈。如果屏幕子集远离原型中的主屏幕，则可以通过将特定屏幕设置为主屏幕来节省用户时间。这样，他们不必花费时间浏览特定的屏幕或部分。对项目进行更改后（如更改主屏幕），可以再次共享该项目。然后，我们就将能够创建新的共享原型或更新现有的原型。创建新的共享原型是创建原型不同版本的好方法。

接下来，将打开另一个在同一文档中包含应用程序和网页设计的项目。用户将分享原型，然后对同一个原型进行更新以专注于网站设计。

1. 返回到 Adobe XD，选择 File（文件）>Open（打开）（macOS），或单击应用程序窗口左上角的菜单图标（☰），然后选择 Open（Windows）。打开名为 Onshore_Design.xd 的文件，该文件位于复制到硬盘上的 Lessons> Lesson09 文件夹中。

2. 如果在应用程序窗口的底部看到有关丢失字体的消息，可以单击消息右侧的 X 以关闭它。

3. 按 Command + 0（macOS）或 Ctrl + 0（Windows）组合键查看所有设计内容。

4. 确保显示原型模式。如有必要，单击应用程序窗口左上角的 Prototype（原型）。

5. 在左上角的较小的 Home 画板的边界内单击。应该看到该画板的主屏幕指示器被选中（它是蓝色的），表示这是主屏幕，如图 9.10 所示。

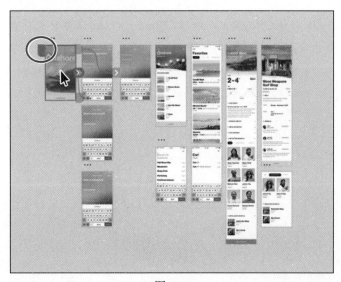

图 9.10

6. 单击应用程序窗口右上角的 Share（⬆）打开共享窗口。在共享窗口中选择 Publish Prototype（发布原型）。

7. 出现"发布原型"窗口时，确保标题为 Onshore App，并将其余设置保留为默认值。单击 Create Public Link（创建公共链接），如图 9.11 所示。

8. 原型发布后，单击"发布原型"窗口中的 Open Link（打开连接），在默认浏览器中打开原型。

此时将首先看到主屏幕（设置为名为 Home 的画板）。在浏览器的画板下方，会看到计数器，其值为 11 个中的第 1 个，如图 9.12 所示。网页设计（较大）的画板并不是随原型发布的，只有较小的（应用）画板被发布。

图 9.11   图 9.12

9. 关闭浏览器窗口并返回到 Adobe XD。如果需要，单击画板区域外空白区域以隐藏"发布原型"窗口。

10. 按 Command + A（macOS）或 Ctrl + A（Windows）组合键全选并查看 Prototype（原型）模式下的所有连接，如图 9.13 所示。

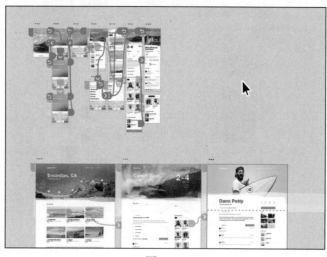

图 9.13

此时可以看到，从较小的应用程序画板到较大的网页设计画板之间没有任何关联。这就是为什么网页设计画板没有与原型一起发布的原因。

注意： 原型可能需要一些时间才能发布，具体取决于您的互联网速度。

11. 在 Web-Choose a spot 画板的范围内单击。单击相同画板左上角的灰色主屏幕指示器将其设置为主屏幕，如图 9.14 所示。

图 9.14

12. 单击应用程序窗口右上角的 Share（⬆），打开共享窗口，选择发布原型。

13. 将标题更改为 Onshore Website，然后单击 Update Link（更新链接），如图 9.15 所示。

现在共享原型已经更新以反映主屏幕变化。共享链接的用户只需在浏览器中刷新原型即可。单击 New Link（新建链接）将创建一个新的包含不同标题的原型链接（在本案例中），也可以与其他人分享。更改标题对于稍后能够区分从同一个项目创建的新链接会有所帮助，同时还可能用于创建和跟踪版本。

14. 共享链接更新后，单击"发布原型"窗口中的 Open Link（打开链接），在默认浏览器中查看原型，如图 9.16 所示。

图 9.15

注意： 网页设计屏幕之间仅有几个示例链接。

注意： 根据互联网连接的速度，这可能需要一些时间。

当原型在浏览器中打开时，将看到的第一个屏幕是 Web-Choose a spot 画板，因为这是现在的主屏幕。任何与该画板有直接或间接连接的画板都是共享原型的一部分，可以在浏览器中查看。

图 9.16

15. 关闭浏览器窗口并返回到 Adobe XD。

与他人分享原型链接

　　用户可以通过将链接复制到原型并将其发送给其他人来与他人共享 Adobe XD 中共享的项目。例如，如果需要收集利益相关者或团队成员关于原型的反馈，这会很有用。

　　以下是如何从打开的 Adobe XD 文件共享以前共享原型的链接：

* 在 Adobe XD 中，单击应用程序窗口右上方的 Share（↥），在出现的窗口中单击 Publish Prototype（发布原型）。

* 在打开的"发布原型"窗口中，单击 Link Copied（复制的链接），如图 9.17 所示。

　　例如，复制代码后，可以将其粘贴到电子邮件中。

图 9.17

9.4　评论共享的原型

　　在 Adobe XD 中共享项目时，默认情况下，共享原型设置为允许评论。当浏览共享原型时，评论是在浏览器中完成的，允许访客评论，这意味着任何人都可以发表评论，因为他们不需要使用 Adobe ID 登录。收到评论后，可以根据这些评论回到 Adobe XD 并根据需要更新原型。在对原型进行更改后，可以通过更新现有原型或创建新版本来重新分享。

　　在本节中，将再次分享这个项目，这次专注于评论。

1. 在桌面上的 Adobe XD 中，打开 Onshore_Design.xd 并显示 Prototype 模式，单击名为

Home 的画板以选择它。

2. 单击 Home 画板左上角的灰色框将其设置为主屏幕，如图 9.18 所示。

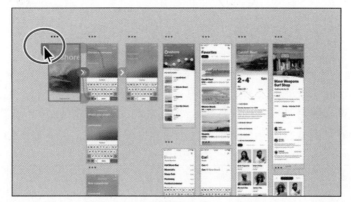

图 9.18

此时，我们需要收集关于应用设计的反馈。以前，当发布 App_Design 原型时，评论功能将关闭。接下来介绍分享一个原型并开启评论功能。

3. 单击应用程序窗口右上角的 Share（🔼），打开共享窗口，选择 Publish Prototype（发布原型）。

4. 如果需要，将标题更改为 Onshore App_v1，选择 Allow Comment（允许评论），然后单击 New Link（新建链接），以便之前共享的原型不会被覆盖，如图 9.19 所示。

> **Xd** 注意：根据互联网连接的速度，这可能需要一些时间。

图 9.19

5. 在 Publish Preview（发布预览）窗口中单击 Open Link（打开链接），在默认浏览器中查看共享原型，如图 9.20 所示。

图 9.20

在浏览器中，现在应该在浏览器窗口的右上角看到一个评论图标（💬）（见上图中画圈位置）。

6. 单击主屏幕顶部的登录链接（上图中的箭头指向它），显示下一个画板。

7. 单击评论图标（💬），打开 Comment（评论）面板，如图 9.21 所示。

图 9.21

8. 在"评论"面板的底部，输入"Need to add an option for login help"，然后按 Return 或 Enter 键添加评论，如图 9.22 所示。将原型在浏览器中保持打开，以便为 9.4.1 节的内容使用。

图 9.22

评论将出现在评论面板的顶部。如果使用 Adobe ID 登录并发起了审核，则会在名称旁边看到 Owner 所有者。作为所有者，可以添加、回复、删除和解决自己的评论或访客评论。

> **Xd** | **注意**：如果在页面打开时未登录，则需单击登录并使用 Adobe ID 登录。要详细了解访客评论，请参阅"客户评论"。

> **Xd** | **注意**：任何正在查看原型的用户都将看到添加的评论，而无需刷新页面。如果其他用户的新评论未显示，则可以刷新该网页并再次显示评论面板。

> **Xd** | **注意**：要详细了解访客评论，请参阅"客户评论"。

客户评论

在浏览器中查看共享原型并显示评论时，审阅者可以使用其 Adobe ID 登录，或者在评论共享项目时作为访客登录。

要以访客身份登录，评论者在评论面板底部单击 Comment As Guest（作为访客评论），如图 9.23 所示。访客需要提供一个名称，并选择 I'm Not A Robot（我不是机器人）的验证码。正确回答后，才可以单击 Submit（提交）。

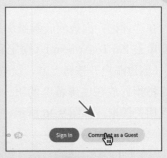

图 9.23

如果在作为访客评论之后，用户通过关闭或刷新浏览器来结束会话，则将无法控制他们以前生成的访客评论。另外，如果审阅者使用他们的 Adobe ID 登录，则可以编辑他们之前的评论。

9.4.1 固定评论

固定评论是一种将评论与画板的特定区域可视化关联的好方法。当用户发表评论时，Adobe XD 会为该评论分配一个数字。评论面板中的评论显示这些数字，因此用户可以轻松识别哪个评论与画板上的哪个数字相关联。类似于用户添加的第一条评论，通用评论不会固定，也不会显示数字。接下来，将添加另一条评论并将其固定在画板上。

1. 在共享原型仍然显示在浏览器中的情况下，单击浏览器窗口底部的 Home（主页）图标（🏠），移至主屏幕。

来自以前画板的评论不再显示在评论面板中。每个画板都有其独特的评论。

2. 在右侧"评论"面板的底部，输入"Move closer to the Onshore text"。单击评论上方的 Pin To Artboard（固定到画板）按钮，如图 9.24 所示。

3. 将指针移到主屏幕上，然后单击"It's epic out"文本旁边来设置评论引脚，如图 9.25 所示。

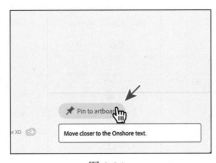

图 9.24

图 9.25

与评论相关联的编号是在评论面板和共享项目中查找评论的直观方式。

4. 在"评论"面板的底部添加另一条评论：Fade image out。

5. 单击 Pin To Artboard（固定到画板）按钮。将指针移动到画板上，然后单击 Create Account（创建账户）按钮上方，设置评论引脚。

6. 将指针放在主屏幕上的第一个评论标记（1）上方，以在"评论"面板中轻微地突出显示相关评论，如图 9.26 所示。

图 9.26

当有多个固定评论时，这可以帮助用户在评论面板中找到与评论引脚相关的评论。

7. 在浏览器中打开原型。

9.4.2 处理评论

在共享原型中为画板添加评论后，在本节中，将探讨如何回复评论、删除评论等。

1. 在原型仍在浏览器中处于打开状态，并且"评论"面板仍显示时，将指针放在右侧评论列表中标记为 2 的评论上（请参见图 9.27 的第一部分）。

共享原型中的评论可以被编辑、删除、回复和标记为已解决。

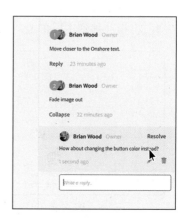

图 9.27

2. 单击 Reply（答复）以添加对原始评论的回复。输入"How about changing the button color instead?"，然后按 Return 或 Enter 键。

Xd 提示：如果要在浏览器中查看原型而不在画板上留言，可以通过单击评论图标（💬）隐藏"评论"面板。

3. 在标注为 2 的评论下单击 Collapse（折叠），折叠评论回复，如图 9.28 所示。

图 9.28

评论的回复显示在最初的评论下。评论回复将在其他评论者查看时折叠，并需要展开才能看到它们。如果想编辑创建的评论，则可以单击铅笔图标（✏）并更改评论文本。如果想删除评论，可以单击垃圾桶图标（🗑）并确认想删除的评论。

4. 将指针移到标注为 2 的评论上，然后单击 Resolve（解决），如图 9.29 所示。

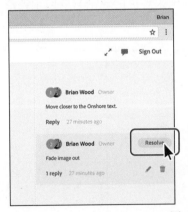 

图 9.29

将评论标记为已解决的会将其从评论列表中移除，并且可以用作将评论标记为"完成"的方式。已解决的评论仍然可以通过单击 View Resolved Comments（查看已解决的评论）来查看，这是下一步要做的。

5. 单击 View Resolved Comments（查看已解决的评论），查看任何已标记为已解决的评论，如图 9.30 所示。

注意，查看已解决的评论时只显示已解析的评论标记。

Xd **注意：** 用户不能编辑其他评论者的评论。所有者可以删除访客评论，但访客评论员无法删除或编辑他人的评论。

图 9.30

Xd **提示：** 查看已解决的评论时，还可以使用"评论"面板中的 Move To Unresolved（移动至未解决）选项来重新将已解决的评论恢复原状。

6. 单击 Back To Unresolved Comments（返回至未解决的评论）返回主评论列表，如图 9.31 所示。

图 9.31

用户添加的评论与共享原型一起存储。要查看以前版本共享项目的评论，需要管理共享链接，这将在后面的内容中进行操作。

7. 关闭浏览器窗口并返回到 Adobe XD。关联项目文件打开时，浏览器中为原型所做的评论不会在 Adobe XD 中显示。

Creative Cloud 评论通知

如果您是共享原型的发起者，那么当您以外的人对共享原型发表评论时，Creative Cloud 桌面应用会显示通知（见图 9.32 左）。

在 Creative Cloud 桌面应用程序中，可以单击通知以打开共享原型并查看评论（见图 9.32 右）。

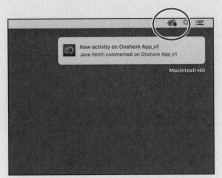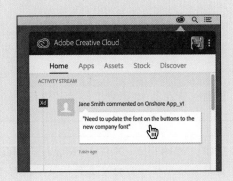

图 9.32

Xd **注意：** 目前，共享原型的用户在收到评论时也会收到电子邮件通知。

9.4.3 管理共享链接

每次分享原型或设计规范时，都会保存在 Creative Cloud 中，并与用于登录 Adobe XD 的 Adobe ID 绑定。接下来，将看到如何管理共享的原型或设计规范。

1. 在 Adobe XD 中，如果"共享"窗口仍在显示，则在空白处单击以关闭它。
2. 单击 Share（共享）（凸），然后在"共享"窗口中选择 Manage Published Links（管理发布的链接），如图 9.33 所示。

网站会在用户默认的浏览器中打开，可以在其中管理原型。如果尚未使用 Adobe ID 登录该网站，则需要登录后才能看到共享原型。

如果单击原型缩略图，则会在单独的页面中打开原型，如图 9.34 所示。这是一种重新访问先前共享的原型的方法，甚至可以通过在浏览器窗口中复制 URL 并共享来再次共享它。

3. 关闭浏览器窗口并返回到 Adobe XD。
4. 如果计划跳到下一课学习，可以打开 App_Design.xd 文件。否则，选择 File（文件）>

Close（关闭）（macOS）或单击右上角的 X（Windows），并在出现提示时进行保存。

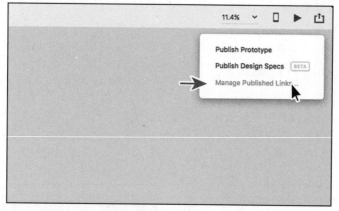

图 9.33

Xd 注意：将在第 10 课中了解设计规格。

Xd 提示：选择 File（文件）>Manage Published Links（管理发布的链接）（macOS），或者单击应用程序窗口左上角的菜单图标（≡）并选择 Manage Published Links（管理发布的链接）（Windows）。

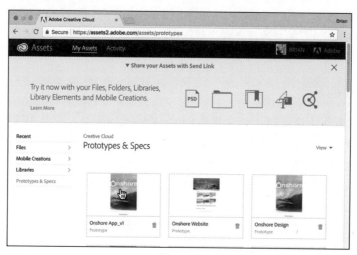

图 9.34

9.5　复习题

1. 当分享原型时，文件存储在哪里？
2. 如何在网页中嵌入共享原型？
3. 谁可以对共享原型发表评论？
4. 什么是固定评论？
5. 什么是已解决的评论？

9.6　复习题答案

1. 共享原型与 Adobe XD 关联的 Adobe ID 相关联，原型存储在与 Adobe ID 关联的 Creative Cloud 账户中。

2. 要在 Web 页面中嵌入共享原型，并打开 Adobe XD 文件，单击 Share（共享）（ ）。在打开的"共享"窗口中，单击 Publish Prototype（发布原型）。在原型已经共享的情况下，将在 Publish Prototype 窗口中看到一系列选项。单击 Copy Embed Code（复制嵌入代码）并粘贴到任何支持它的网页或与其他人共享，以便可以将共享原型嵌入到网页中。

3. 用 Adobe ID 登录的用户以及游客（没有 Adobe ID 的用户）在浏览器中均可以进行评论。

4. 在默认浏览器中查看共享原型时，可以将评论放置在画板中的某个位置。当评论被固定时，它被分配一个数字。"评论"面板中的评论显示这些数字，可以轻松识别固定评论的上下文。未固定的评论不显示数字。

5. 在默认浏览器中查看共享原型时，将评论标记为 comment as resolved（已解决的评论）会将其从评论列表中删除，并可用作将评论标记为 done（已完成）的方式。已解决的评论仍可通过单击 View Resolved Comments（查看已解决的评论）来查看。

第10课　共享设计规格和导出

课程概述

本课介绍的内容包括：

* 共享设计规格；
* 更新设计规格；
* 导出资源。

 本课程大约需要 30 分钟完成。开始之前，请先将本书的课程资源下载到本地硬盘中，并进行解压。在学习本课时，将覆盖相应的课程文件。建议先做好原始课程文件的备份工作，以免后期用到这些原始文件时，还需重新下载。

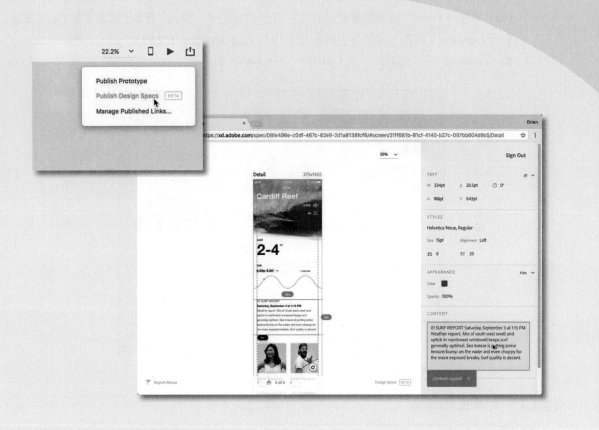

　　在设计过程结束时，在共享工作原型、收集反馈并实施建议更改之后，可以共享设计规格并导出用于开发的生产准备资源。

10.1 开始课程

在第 9 课中，学习了如何与其他人分享您的设计和原型。在本课中，将学习如何以设计规格的形式共享文件的设计属性，并导出资源。

1. 打开 Adobe XD CC。

2. 在 macOS 上，选择 File（文件）>Open（打开），或者如果"开始"屏幕没有打开任何文件，单击"开始"屏幕中的 Open 按钮。在 Windows 上，单击应用程序窗口左上角的菜单图标（☰）并选择 Open，或者如果在没有文件打开的情况下，单击"开始"屏幕中的 Open 按钮，打开 Lessons 文件夹（或保存它的位置）中的 App_Design.xd 文档。

3. 按 Command + 0（macOS）或 Ctrl + 0（Windows）组合键查看所有内容，如图 10.1 所示。

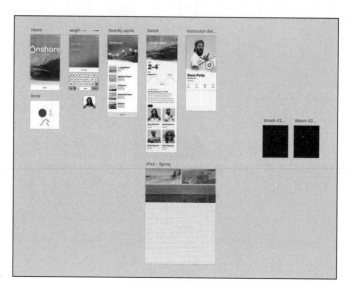

图 10.1

10.1.1 共享设计规格

当用户接近设计过程的末尾并准备好移至 Adobe XD 以外的开发环境时，可以发布设计规格。这会创建一个公共 URL，类似于共享原型，然后可以与其他人共享。通过允许开发人员查看画板的顺序和流程，以及每个画板的详细规格，包括测量、颜色、字符样式、元素之间的相对间距等，可以改善与开发人员的沟通。

在本节中，将分享设计规格并在默认浏览器中探索设计规格。图 10.2 显示了浏览器中发布的设计规格示例。

> **注意**：如果尚未将本课程的项目文件下载到计算机，请务必立即执行此操作。请参阅本书的"前言"。

图 10.2

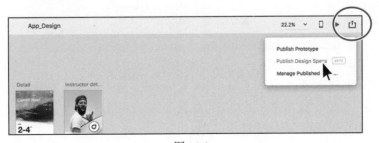

> **注意**：如果使用"前言"中描述的 jumpstart 方法从头开始，则从 Lessons> Lesson10 文件夹中打开 L10_start.xd。

设计规格（Beta 版）

在撰写本文时，Design Specs 是一个测试版（Beta）功能。标有 Beta 的功能意味着：

- 该功能可以处理较大工作流程中的用例子集（设计师将设计交付给开发人员）；
- 期望在功能方面增加深度和广度的需求，我们将在删除 Beta 标签之前着手解决这些问题；
- 功能的可用性和交付情况可能会发生变化；
- 您可以期待与我们提供的任何其他功能相同的质量和性能。

——来自 Adobe XD Help

1. 单击应用程序窗口右上角的 Share（共享）（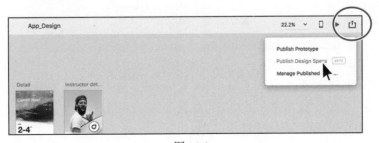），打开共享窗口，选择 Publish Design Specs（发布设计规格），如图 10.3 所示。

图 10.3

图 10.4

共享时，可以使用设计模式或原型模式。这些图片显示了原型模式。

2. 在"发布设计规格"窗口中，将标题更改为 Onshore App，如图 10.4 所示。

标题在浏览器中查看共享设计规格时和管理共享链接时出现。名称可以是区分共享设计规范版本的有用方法。

在"发布设计规格"窗口中，还会看到 Units Based On（基于单位）。共享原型的单位基于主屏幕的画板大小。此文件中的主屏幕设置为"iPhone 6/7/8"预设尺寸。Adobe XD 将主屏幕的默认画板识别为适用于 iPhone(iOS)，并适当设置单位。在浏览器中查看设计规格时，单位非常重要，因为用户可以复制和粘贴数字值以及所需的测量单位（px、dp 或 pt）。

Xd 提示：与共享原型一样，无论哪个画板设置为主屏幕，都将成为用户在设计规格中看到的第一个画板。任何与该主屏幕画板直接或间接连接的画板都将被发布。

Xd 注意：要使用 Adobe XD Share 功能共享原型或设计规格，必须使用 Adobe ID 登录到 Adobe Creative Cloud 应用程序或任何其他 Adobe 应用程序。

Xd 注意：iOS 的默认单位是 pt，Web 的默认单位是 px，Android 的默认单位是 dp，而自定义大小的画板的默认单位是 px。这些默认单位不可编辑。

3. 单击 Create Public Link（创建公共链接），结果如图 10.5 所示。

图 10.5

设计规格已发布并保存在 Creative Cloud 中。Adobe XD 首先以 0.5x 分辨率发布设计规格，并在发布过程的中点开始发布 2x 版本。此功能可确保用户可以更快速地使用可用链接。发布过程完成后，设计规格中的 0.5x 图像会自动刷新到 2 倍。

4. 单击 Open Link（打开链接），在默认的浏览器中打开设计规格，如图 10.6 所示。

例如，单击 Copy Link（复制链接）将允许用户复制公共链接并将其发送给开发人员。

在浏览器中，为了查看设计规格，用户和任何想要查看设计规格的人都必须使用 Adobe ID 进行登录。如果还没有注册，则单击注册并提供注册人的电子邮件地址和密码。图 10.7 显示了未登录时显示的网页。

图 10.6

图 10.7

> ![Xd] **注意**：未链接的画板不会在设计规格中发布。查看设计规格时，浏览器中的画板位置与设计文件中的画板位置相同。

> ![Xd] **注意**：移动浏览器不支持或不推荐用于查看设计规格。

如果有账户，则使用 Adobe ID 登录。然后可以在 UX 流视图中查看设计规格，如图 10.8 所示。

在浏览器页面的左上角，将会看到关于设计规格的信息，例如画板的名称和数量。在右上角，会看到一个搜索字段、一个查看百分比和一个登录位置（或者如果已登录，则为退出）。注意，在浏览器中查看设计规格时，评论功能不可用。接下来，将开始检查设计规格。

图 10.8

10.1.2　检查设计规格

基于浏览器的设计规范允许参与项目的每个人在所谓的用户体验流视图中查看画板的顺序和流程。设计规范中所有画板（屏幕）的这个视图显示了需要开发的画板数量（用于规划开发工作的范围）设计规范中的顺序和流程（用于理解最终用户工作流程）、设计规格上次更新的日期等。为了了查看设计规格，您与谁共享设计规格链接将需要以下内容。

- 指向设计规范的链接（在 10.1.1 节中，看到"复制链接"选项可以将链接从 Adobe XD的"发布设计规范"窗口复制到设计规范中，可以将该链接粘贴到电子邮件或其他通信方法中）。
- 支持的桌面浏览器和 Internet 连接。
- Adobe ID（如果没有 Adobe ID，则可以单击注册并提供电子邮件地址和密码）。

接下来，您将探索当前在浏览器中打开的设计规范。

1. 在浏览器中打开设计规格后，将鼠标指针移至各个画板上，可以查看它们之间的连接方式，如图 10.9 所示。

图 10.9

在 UX 流视图中，可以在网页的右上角选择缩放或平移，以及按名称搜索特定的画板等。

2. 单击 Nearby spots 画板查看其详细视图，如图 10.10 所示。

图 10.10

3. 将指针移到右侧 Colors（颜色）部分中的橙色。具有橙色填充或边框颜色的对象将在画板上突出显示，如图 10.11 所示。

图 10.11

在浏览器窗口中的画板右侧，可以看到该画板上使用的所有独特颜色和字符样式。在原始项目文件处于打开状态下，在浏览器中查看单个画板时看到的颜色和字符样式可能与 Adobe XD 中的"资源"面板中的颜色和字符样式不同。设计规范显示了应用于内容的所有格式，无论它是否保存在"资源"面板中。

Xd | **注意**：如果在网页底部看到消息，则可以单击右侧的 X 将其解除。

Xd | **提示**：可以缩放和平移以查看特定的详细信息。要进行平移，使用触控板或按空格键以激活 Hand（手形）工具。要放大或缩小，可使用页面右上角的缩放菜单，或者使用触控板进行缩放。

Xd | **注意**：从 XD 上传 2x 内容之前，浏览器中画板内容的分辨率可能会降低。

4. 在页面右侧的 Colors（颜色）部分单击橙色，如图 10.12 所示。

图 10.12

单击颜色或字符样式会将格式复制到剪贴板。例如，复制一个颜色将复制 #EB7218 的 Hex 值（在此案例中）。如果单击复制字符样式，则只复制该字体的名称。例如，可以将该值粘贴到代码或电子邮件中。

5. 单击画板上的 Onshore 文字，如图 10.13 所示。

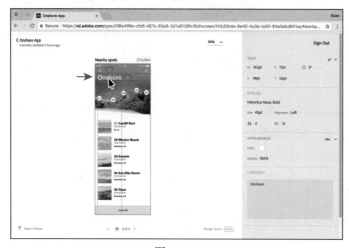

图 10.13

在画板上选择一个元素后，可以在页面的右侧查看其高度和宽度坐标以及所选内容的属性。用户还可以复制设计规格中的字符样式、颜色值和内容。

> **提示：** 通过单击色板上方的十六进制并选择其他格式（如 HSLA）来更改颜色格式。还可以通过单击 Character Styles（字符样式）最右侧的菜单来更改出现在字符样式中的单位（图 10.12 中显示为 "pt"，可能会显示不同的内容）并选择另一个单位，例如 px 或 dp。此更改在整个会话中保持不变——在查看其他屏幕时使用相同的颜色格式和度量单位。

提示： 在显示文本格式的情况下，可以单击某些属性，如字体名称（本例中为 Helvetica Neue）以将其复制到剪贴板。

Adobe XD 没有内容，只关注元素之间的关系。因此，举例而言，如果以 375×667 的单位设计 iPhone 6/7/8 画板，并使用 10 单位字体大小的类型，那么不管设计的尺寸是多少，该关系都保持不变。

但是，在浏览器的设计规格中，高度和宽度测量、X 坐标和 Y 坐标以 px、pt 或 dp 显示。用户可以将测量单位从一个单位更改为另一个单位，如图 10.14 所示。此功能允许复制和粘贴数字值以及需要的测量单位（px、pt 或 dp）。

图 10.14

6. 单击画板下面的下一个箭头（>），导航到 Detail 画板。

7. 单击以"01 SURF REPORT ..."开头的画板上的文字段落，可能需要向下滚动界面才能看到它。

8. 在页面右侧的 Content（内容）部分中，单击出现的文本以将其复制，如图 10.15 所示。

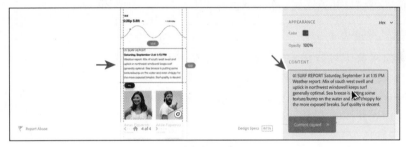

图 10.15

文本被复制到剪贴板，现在可以粘贴到需要的地方。这对于需要内容（如文本）开发应用程序的开发人员非常有用。

9. 在触控板上用手指放大，或在画板上方的菜单中更改缩放级别以放大。

10. 在画板上仍选择文本对象的情况下，将指针移动到其上方的小部分文本上以查看对象之间的相对距离，如图 10.16 所示。

如果是开发人员，那么在其他地方构建应用程序时，这可能是非常有用的信息。

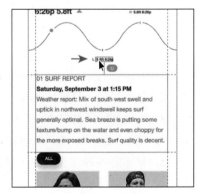

图 10.16

11. 使用触控板进行平移，或按空格键以激活 Hand（手形）工具并拖动到画板的顶部。

12. 单击 Cardiff Reef 文字上方的箭头（<），选择顶部的矩形，如图 10.17 所示。

图 10.17

在原型模式中选择具有连接集的对象会在浏览器右侧显示目标屏幕（画板）的缩略图。在大多数情况下，可以单击导航到目标屏幕。在本案例中，由于所选矩形的目标被设置为先前的画板，因此不起作用。

13. 单击左上角设计规格标题左侧的箭头，返回到 UX 流视图，如图 10.18 所示。

14. 关闭浏览器窗口并返回到 Adobe XD。

> **注意**：在撰写本文时，如果在主屏幕上选择了已分组对象（例如 Home 界面上的 Login 按钮），则在 Adobe XD 中进行原型设计时，将看不到设置的目标（Target）。在浏览器中查看设计规格时选择对象只会选择单个对象。

图 10.18

10.1.3 更新设计规格

分享设计规格后，可能需要对项目进行更改。发生这种情况时，首先在 Adobe XD 中编辑项目，然后通过覆盖原始设计规范或创建副本来共享最新更新的设计规范。接下来，将进行简单的设计更改并更新设计规格。

1. 回到 Adobe XD，确保在打开 App_Design.xd 文件时显示设计模式。如有必要，单击应用程序窗口左上角的 design（设计）。

2. 放大 Detail 画板的中心。

3. 单击文字"2-4 FT"下方的图形元素将其选中。将它拖动一下，如图 10.19 所示。

4. 按 Command + S（macOS）或 Ctrl + S（Windows）组合键保存文件。

5. 单击应用程序窗口右上角的 Share（📤），打开共享窗口，单击 Publish Design Specs（发布设计规格）。

6. 将标题更改为 Onshore App v2。单击 New Link（新建链接）创建新的设计规格以便共享，如图 10.20 所示。

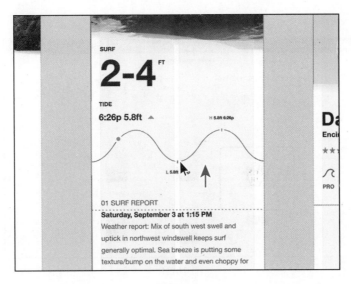

图 10.19

更改标题对于稍后能够根据相同设计规格区分用户创建的新链接很有用。用户需要与任何具有原始设计规范链接的人共享刚创建的新链接，以便他们查看更新。到设计规格的旧链接将继续有效，但在 XD 中更改原始项目文件时不会更新。

> **Xd** 注意：用户不需要保存文件来更新设计规格。

在 Publish Design Specs（发布设计规范）窗口中，单击 Open Link（打开链接）将允许在默认浏览器中查看设计规范的较新版本。

图 10.20

7. 设计规格完成上传后，在 Publish Design Specs 窗口外单击，将其隐藏。

8. 再次单击 Share（凸），然后选择 Manage Published Links（管理发布的链接），打开默认浏览器中包含所有共享原型和设计规范链接的网页，如图 10.21 所示。如果尚未使用 Adobe ID 登录该网站，则需要这样做才能看到共享原型。

与使用共享原型一样，可以管理共享设计规格。在每个链接的名称下方，会看到 Prototype 或 Design Spec 的标签，显示它是什么类型的共享链接。

如果单击缩略图，则会在单独的页面中打开原型或设计规格。这是一种重新访问之前共享的原型或设计规格的方法，甚至可以通过在浏览器窗口中复制 URL 并共享它来再次共享它。

9. 关闭浏览器并返回到 Adobe XD。

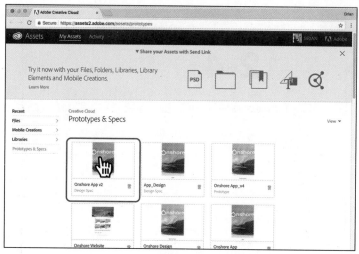

图 10.21

10.2 导出资源

一旦完成设计评审过程（包括共享和完成设计规格），就可以开始生产了。借助 Adobe XD，可以为开发人员和项目中涉及的其他人员导出资源。资源可以以下列格式导出：PNG、SVG、PDF和 JPEG。

- PNG（便携式网络图形）：适用于光栅图像（如横幅）的光栅图形格式。
- SVG（可缩放矢量图形）：适用于图标、logo 和页面元素的矢量图像格式。
- PDF（可移植文档格式）：保留所有矢量、图像和文本内容的交换格式，适合分享项目设计。
- JPEG（联合图像专家组）：适用于照片和其他图像的光栅图形格式。

如果 XD 项目是作为概念验证创建的，则可能需要将画板导出为 PDF（单个 PDF 或多个 PDF）或图像。为了提供生产就绪资源，可以使用前面提到的格式从项目中导出个人资源。鉴于对响应式网站和应用程序的需要，可能需要提供多种尺寸的栅格资源，才能在具有不同屏幕尺寸和像素密度的设备上使用。

导出资源时，项目中的任何选定内容或画板都会导出。如果没有选择任何内容，则所有画板都会导出。导出的资源根据"图层"面板中资源或画板的名称命名。在接下来的内容中，将以不同的格式导出画板和设计内容。

10.2.1 批量导出资源

Adobe XD 更新添加了批量导出选项。用户可以通过单击"图层"面板中的标记图标或 File（文件）>Export（导出）>Batch（批处理）（macOS），或单击应用程序窗口左上角的菜单图标（☰），并选择 Export（导出）>Batch（批处理）（Windows）来标记对象。

10.2.2　导出为 PDF

以 PDF 格式导出可以导出屏幕上看到的内容（画板或选定的内容）。以 PDF 格式保存是分享内容的绝佳方式，最终用户无需使用 Adobe XD 即可查看设计。在本节中，将把所有画板导出为 PDF 并了解导出选项。

1. 在 App_Design.xd 文件仍然打开的情况下，按 Command + 0（macOS）或 Ctrl + 0（Windows）组合键查看所有设计内容。

2. 确保显示设计模式。如果没有，单击左上角的设计。用户可以以设计模式或原型模式导出内容。

3. 选择 Select（选择）工具（▶）后，单击画板以外的空白区域以取消选择所选内容。

4. 选择 File（文件）>Export（导出）>All Artboards（所有画板）（macOS），或单击应用程序窗口左上角的菜单图标（≡），然后选择 Export（导出）>All Artboards（所有画板）（Windows）。

5. 在导出对话框中，导航到 Lessons> Lesson10 文件夹（macOS），或单击 Choose Destination（选择目标）（或 Change[更改]）并导航到 Lessons> Lesson10 文件夹（Windows），然后更改以下选项。

- Format（格式）: PDF。

- Save Selected Assets As（将选定资源另存为）: 单个 Single PDF File（PDF 文件）（默认设置）。如果选择了多个 PDF 文件（Mult PDF Files），每个画板将另存为一个 PDF。

6. 单击 Export All Artboards（导出所有画板），如图 10.22 所示。

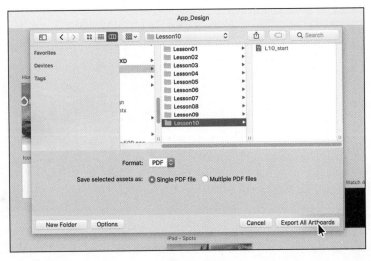

图 10.22

将从所有画板生成一个名为 App_Design.pdf 的 PDF 并放置在 Lesson10 文件夹中。这可以是一种用来与他人分享设计非常有用的方式，只需要有一个 PDF 阅读器即可查看。

注意： PDF 中不会包含与画板（在粘贴板上）不相关的内容。

注意： 如果选择 Export（导出）>All Artboards（所有画板），则无论是否选择了单个画板，都会导出所有画板。

注意： 在 Windows 中看到的"导出"对话框看起来不同，但具有相同的基本功能。

10.2.3　导出为 SVG

另一种导出格式是 SVG（可缩放矢量图形）。当谈到矢量内容时，SVG 是首选的文件格式，因为 SVG 是矢量图形格式。导出为 SVG 时，只需生成一个资源。由于 SVG 具有向量和无限可扩展性，因此它可以在多个设备和屏幕尺寸上进行缩放并保持清晰的外观。图标、logo 和其他绘制的页面元素是保存为 SVG 的很好的例子。在本节中，将把 Onshore logo 作为 SVG 导出，并进一步了解导出选项。

1. 如有必要，确保通过按 Command + Y（macOS）或 Ctrl + Y（Windows）组合键显示"图层"面板。
2. 双击"图层"面板中的 Home 画板图标（▢），放大该图标。
3. 单击以选择 Onshore 文字，如图 10.23 所示。

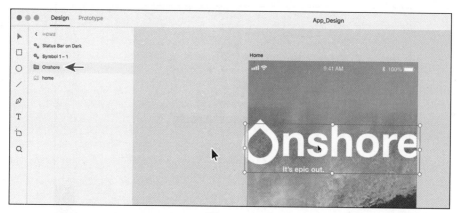

图 10.23

在"图层"面板中查看，可以看到资源名称是 Onshore。在 macOS 上导出资源时，可以在"导出"对话框中更改资源的名称。在 Windows 上，资源名称与"图层"面板中的内容名称相同，并且不能在"导出"对话框中进行更改。

4. 双击"图层"面板中的 Onshore 名称，将其更改为 OnshoreLogo，然后按 Return 或 Enter

键接受更改，如图 10.24 所示。

图 10.24

注意：在文档中选择一系列对象将导致为每个对象生成一个 SVG 文件。

注意：Adobe XD 的一个更新中添加了批量导出选项。在"图层"面板中选择一个画板或内容现在将显示批量导出（⧉）的标记。书中的图片未显示该图标。

　　该文本实际上由一系列适合 SVG 保存的形状组成。如果选定内容中有文本，则可以考虑在保存为 SVG 之前将文本转换为轮廓。

5. 选择 File（文件）>Export（导出）>Selected（选定）（macOS），或单击应用程序窗口左上角的菜单图标（≡），然后选择 Export（导出）>Selected（选定）（Windows）。

6. 在导出对话框中，导航到 Lessons> Lesson10 文件夹（macOS），或者单击 Change（更改）（或 Change Destination（更改目标）），并导航到 Lessons> Lesson10 文件夹（Windows）。更改以下选项，如图 10.25 所示。

- Save As（另存为）（macOS）：OnshoreLogo（作为最佳做法，我们在资源名称中删除了空格）。

- Format（格式）：SVG。

- Save Images（保存图像）：Embed（嵌入）（默认设置。如果选择导出的内容中有任何光栅图像，它们将包含在 SVG 文件中，并且可以链接或嵌入，具体取决于用户所做的选择。如果选择链接，任何选定的光栅图像内容都将保存在一个单独的图像文件中，该文件将链接到 SVG 文件，这意味着如果在要导出的内容中找到光栅图像内容，则会导出多个素材资源。如果需要频繁更新图片而不是 SVG 内容，通常会将这类内容嵌入到 SVG 中）。

- File size（文件大小）：Minify（最小化）（macOS）或 Optimized（Minified）（优化（最小化））（Windows），选中（缩小 SVG 可能会使文件变小）。

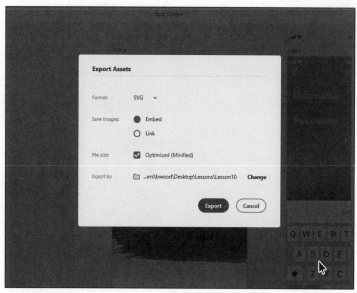

图 10.25

7. 单击 Export（导出）。

10.2.4 导出为 PNG

　　PNG 文件是栅格文件，这意味着它们由像素组成，并且在调整大小时不会很好地缩放。导出网站时，建议保存每个图像文件的多个版本，其中包括原始尺寸的两倍，以适应不同的屏幕尺寸和像素密度。当为 iOS 应用导出 PNG 资源时，将导出 3 种尺寸的 PNG 文件。在将 Android 应用导出为 PNG 时，还需要各种尺寸。

在本节中，将导出内容为 PNG 并浏览导出选项。

1. 单击 Home 画板背景中的冲浪者图像。

2. 按 Command + E（macOS）或 Ctrl + E（Windows）组合键导出选定的内容。

3. 在 Export（导出）对话框中，从 Format（格式）菜单中选择 PNG。

此时将看到 4 个"导出"选项：Design、Web，iOS 和 Android。选择哪个选项取决于将在哪里使用这些图像。

- Design：这是默认选项。仅以所选内容的原始大小创建一个图像。它意味着与屏幕上看到的完全匹配。设计是分享个人图像和屏幕设计的绝佳选择。

- Web 为每个导出的资源创建两种尺寸：一种是 1x（非 Retina 或 HiDPI），另一种是 2 倍，或是尺寸的两倍（Retina 或 HiDPI）。

- iOS 为每个导出的资源创建 3 种尺寸：1x、2x（两倍于原始尺寸）和 3 倍（3 倍于原始尺寸）。

- Android 为每个导出的资源创建 4 种尺寸：ldpi、mdpi、hdpi、xhdpi、xxhdpi 和 xxxhdpi。

4. 选择 iOS，因为这是适用于 iOS 的应用程序，如图 10.26 所示。

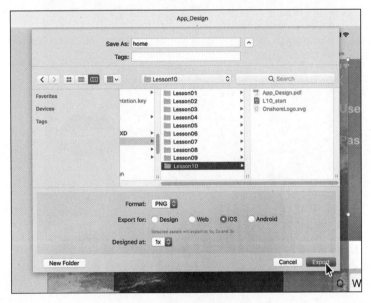

图 10.26

5. 确保从 Designed At 菜单中选择 1x，如图 10.27 所示。

在导出之前，请注意是否设计了 1x（非 Retina 或非 HiDPI）、2x 或 3x。默认情况下，画板大小（如 iPhone 6/7/8）及其中的资源大小为 1x（非 Retina）。要了解这种尺寸大小的工作原理，请参阅下文"针对 iOS 导出 PNG"。

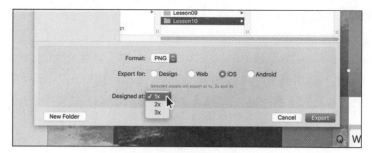

图 10.27

针对 iOS 导出 PNG

使用图 10.28 所示的信息图了解在 1x 和 2x 设计时，如何为 iOS 导出设计资源。

——来自 Adobe XD Help

图 10.28

Xd **注意**：图 10.28 中未显示 Designed At 3x 的示例。

针对 Android 导出 PNG

使用图 10.29 所示的信息图，来了解在为不同的分辨率设计时，如何为 Android 导出设计资源。LDPI：低密度（75%），MDPI：中密度（100%），hdpi：高密度（150%），xhdpi：超高密度（200%），xxhdpi：额外超高密度（300%），xxxhdpi：额外超超高密度（400%）。

——来自 Adobe XD Help

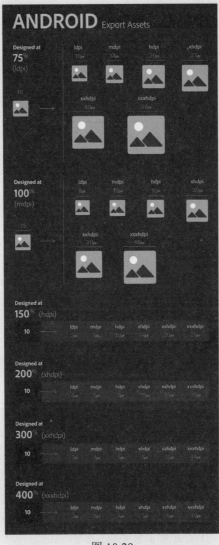

图 10.29

6. 单击 Export（导出），如图 10.30 所示。

在此案例中生成 3 个 PNG 文件。2x 和 3x 大小的图像分别以"@ 2x"和"@ 3x"命名。

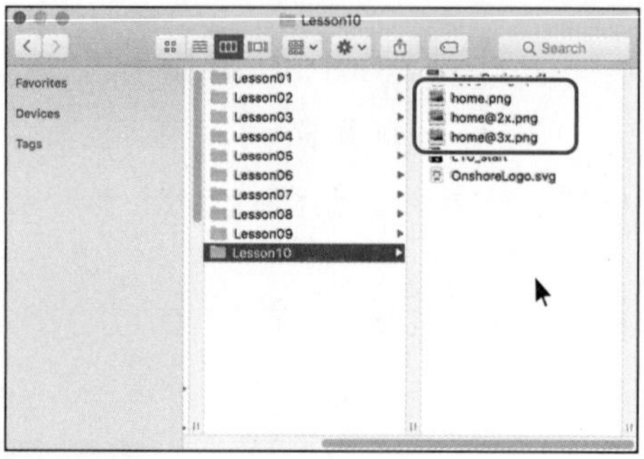

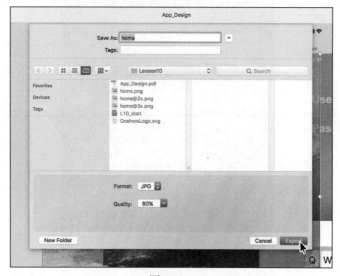

图 10.30

10.2.5 导出为 JPEG

下面将要讨论的最终格式是 JPEG。当将资源（如照片）导出为 JPEG 格式时，可以根据需要设置导出文件的质量级别。当保存网站图像或者有人索要 JPEG 文件等情况下，可以导出为 JPEG 格式。

1. 仍然选择背景中的冲浪者图像，并按 Command + E（macOS）或 Ctrl + E（Windows）组合键导出。

2. 在 Export（导出）对话框中，从 Format（格式）菜单中选择 JPG。从 Quality（质量）菜单中选择 80%。单击 Export（导出），如图 10.31 所示。

图 10.31

Quality（质量）设置确定生成资源的文件大小和质量。质量设置越低，文件越小，但同时牺牲的图像质量也越高。

3. 如果需要，按 Command + S（macOS）或 Ctrl + S（Windows）组合键保存文件。

4. 选择 File（文件）>Close（关闭）（macOS）或单击右上角的 X（Windows）以关闭所有打开的文件。

本课程到此全部结束。希望读者能从本书中学到很多东西，并将继续学习和探索与 Adobe XD 一起工作的不同方式。Adobe XD 的未来非常光明！

10.3 复习题

1. 简要描述什么是设计规格。
2. 如何分享设计规格链接？
3. 如何管理共享设计规格？
4. 可以从 Adobe XD 导出哪些文件格式的内容？
5. 导出 PNG 时，Designed At 选项的用途是什么？

10.4 复习题答案

1. 在设计过程结束时，为了改进设计者和开发者之间的沟通，设计师可以在 Adobe XD 中发布设计规范，该规范创建了一个公共 URL。然后就可以与他人分享这个链接。除了每个画板的详细规格，开发人员还可以查看画板的顺序和流程，并附有测量值、颜色、字符样式、元素之间的相对间距等。

2. 要在设计规格发布后共享设计规格链接，单击 Share（共享）并选择 Publish Design Specs（发布设计规范），然后单击 Copy Link（复制链接）以复制公共链接并将其发送给开发人员，或者在设计规范在浏览器打开的情况下，从浏览器复制链接并发送到另一个浏览器。

3. 要在默认浏览器中管理设计规范的链接，单击 Share（共享）并选择管理发布的链接，或者选择 File（文件）>Manage Published Links（管理发布的链接）（macOS）或单击应用程序左上角的菜单图标（三）窗口并选择 Manage Published Links（管理发布的链接）（Windows）。

4. 目前可以导出以下文件格式的资源：PNG、SVG、PDF 和 JPEG。

5. 当以 PNG 格式导出为 Web、iOS 或 Android 时，Adobe XD 为其导出为 PNG 的每种资源制作多种尺寸。为了做到这一点，它必须知道设计的尺寸（画板的大小）。在为 iOS 设计的应用程序中，可以选择 1x、2x 或 3x。如果您在设置文档时（例如 iPhone 6/7/8 的 375×667）将画板尺寸保留为默认尺寸，则在 1x 设计。例如，如果在开始时更改了画板的大小，例如 750×1334，那么就在 2x 设计。